中国农村地区全球环境基金项目实施案例分析

刘艳青　张艳萍　李成玉　主编

中国环境出版集团·北京

图书在版编目（CIP）数据

中国农村地区全球环境基金项目实施案例分析/刘艳青，张艳萍，李成玉主编. —北京：中国环境出版集团，2021.12

ISBN 978-7-5111-4854-4

Ⅰ. ①中⋯　Ⅱ. ①刘⋯ ②张⋯ ③李⋯　Ⅲ. ①农村-环境保护-项目管理-中国　Ⅳ. ①X321.2

中国版本图书馆 CIP 数据核字（2021）第 185454 号

策划编辑	王素娟
责任编辑	赵楠婕
责任校对	任　丽
封面设计	岳　帅

出版发行	中国环境出版集团
	（100062　北京市东城区广渠门内大街 16 号）
	网　　址：http://www.cesp.com.cn
	电子邮箱：bjgl@cesp.com.cn
	联系电话：010-67112765（编辑管理部）
	010-67162011（第四分社）
	发行热线：010-67125803，010-67113405（传真）
印　　刷	北京市联华印刷厂
经　　销	各地新华书店
版　　次	2021 年 12 月第 1 版
印　　次	2021 年 12 月第 1 次印刷
开　　本	787×1092　1/16
印　　张	8.25
字　　数	200 千字
定　　价	48.00 元

《中国农村地区全球环境基金项目实施案例分析》
编委会

主　编：刘艳青　张艳萍　李成玉

副主编：李俊霖　黄　波　王京京　刘　坤

编　　委：（按姓氏笔画排序）

马超德　王　利　王　新　王全辉　王耀琳

刘　钊　刘　灏　刘纪新　杜金梅　杨午滕

杨礼荣　宋增明　赵　欣　钟晓东　凌　娟

郭梦琪　黄　洁　翟熙玥　薛　琳　魏欣宇

前　言

　　全球环境基金是政府间生态环境保护方面重要的多边机构之一，一直致力于促进生态环境领域的国际合作，提高全球环境效益。我国是全球环境基金的创始成员国、捐资国和受援国之一，通过开展富有成效的合作，不仅为我国带来了先进理念、技术与方法，还促进了我国履行国际环境公约能力的提升，增强了公众的可持续发展意识。

　　当前，我国已全面建成小康社会、实现了第一个百年奋斗目标，正乘势而上开启全面建设社会主义现代化国家的新征程、向第二个百年奋斗目标进军，必须进一步在农村地区加强生态环境建设，提升生态环境质量，提供更多的优质生态产品，满足人民群众日益增长的优美生态环境需要。党的十八大以来，我国以前所未有的速度推进生态文明建设，全党全国推动绿色发展的自觉性和主动性显著增强，美丽中国建设迈出重大步伐，我国生态环境保护发生了历史性、转折性及全局性变化。

　　国际交流合作，在我国生态环境的可持续发展进程中发挥了独特而重要的作用。近年来，我国政府积极与全球环境基金合作，充分利用全球环境基金及其项目形成的国际平台，在农村地区成功实施了多个生态环境保护国际合作项目，探索了适用于不同地区、不同行业及领域的项目实施模式，推动了农业农村生态环境保护的政策创新、技术创新和管理创新，积累了丰富的中国国别项目管理经验，有力促进了农业农村生态环境保护与改善。其间也涌现出了众多典型案例，对于在农村地区实施生态环境保护项目或国际双多边合作项目具有重要借鉴意义。

　　基于此，本书结合目前我国农村发展建设需要，以改善农业农村生态环境为核心目标，对在我国农村地区已成功实施的典型全球环境基金项目的管理模式、主要成果和经典案例进行了梳理、归纳与总结，为我国继续申请并在农村地区实施全球环境基金项目，以及其他类型国际资金支持的生态环境保护项目提供借鉴。同时，也希望借此推动我国政府进一步加强与全球环境基金合作，持续做好项目管理工作，提升项目管理实施效果，增强国际合作与交流能力，更加有效地引进国际资金与技术经验，更好地促进人与自然和谐发展，推进我国生态文明建设，贡献全球环境效益，共建全球生命共同体。

　　本书分三个部分，共十一章。第一部分（第一、二章）介绍了全球环境基金概况及其与中国的关系，并着重强调了中国在农村节能减排、生态环境与生物多样性保护方面

的战略需求，以及其全球环境效益。第二部分（第三至第九章）是本书的主要内容，精
选了全球环境基金在中国农村地区已经实施并完成的七个项目，涵盖了气候变化应对、
生物多样性保护和土地退化等领域；每个项目均从立项背景、管理模式、主要成果和实
施经验四个方面进行梳理总结。第三部分（第十至第十一章）着重进行项目间的比较分
析，对全球环境基金项目在中国农村实施的管理机制共同点、经验与做法进行归纳总结，
并对今后继续在农村地区实施全球环境基金项目提出了管理建议。

希望本书的出版，对农业农村、生态环境、林业和草原等行业从事生态环境保护工
作的读者了解全球环境基金及其项目的管理实施有所帮助，对提高我国全球环境基金利
用水平、增强国际合作能力产生积极作用，对后续申请及实施全球环境基金项目以及其
他类型国际合作项目具有借鉴意义。

本书在编写过程中，收集了多个全球环境基金项目材料，参考了相关著作与文献，
众多专家学者也为本书成稿提供了宝贵建议。在此，向为本书顺利出版付出辛勤劳动
的专家、学者、参与全球环境基金项目的广大工作者、引用参考文献的作者表示衷心
的感谢！

由于本书收录的众多项目开展了许多前沿性、创新性和探索性工作，部分成果和经
验难免不够成熟和完善，加之笔者知识面限制，书中难免有错漏之处，敬请广大读者予
以批评指正！

编者

2021 年 12 月

目　录

第一章

全球环境基金及其与中国关系概述

1　全球环境基金概况

全球环境基金（GEF）成立于 1992 年举行的里约地球峰会前夕，是一个目前有 184 个国家和地区成员的国际合作机制，其宗旨是通过与成员、国际机构、公民社会组织及私营部门合作，为发展中国家提供赠款和开展有益于全球环境的活动等方式，以改善全球环境。

全球环境基金成立以来的 30 年里，发达国家、发展中国家以及经济转型国家利用该基金支持了多项与国家可持续发展相关的重要项目，并在规划实施过程中策划了许多与生物多样性、气候变化减缓、国际水域、土地退化、化学品和废弃物、可持续森林管理有关的环境保护活动。全球环境基金在全球环境保护和气候改善方面做出了突出贡献。到目前为止，它是全球环境和气候领域中成熟且具影响力的专业机构，并通过其经验为全球气候和环境问题提出了很多解决方案。

全球环境基金通过策划实施全额项目、中型项目、基础活动项目、规划型项目以及小额赠款等多种类型项目开展活动。目前，全球环境基金是《联合国气候变化框架公约》《生物多样性公约》《联合国防治荒漠化公约》《关于汞的水俣公约》《关于持久性有机污染物的斯德哥尔摩公约》五大国际环境公约的主要资金机制，同时向《关于消耗臭氧层物质的蒙特利尔议定书》（简称《蒙特利尔议定书》）、《卡塔赫纳生物安全议定书》、《关于获取遗传资源和公正公平分享其利用所产生惠益的名古屋议定书》（简称《名古屋议定书》），以及关于国际水源和跨界水系的多边协定提供资金支持。

截至 2021 年 1 月，全球环境基金已为 166 个国家的 5 133 个项目提供了 195.338 亿美元的赠款，并撬动了 1 242.5 亿美元的联合融资。

1.1 全球环境基金的历史

全球环境基金于 1991 年 10 月成立，最初是世界银行的一项支持全球环境保护、促进环境可持续发展的 10 亿美元试点项目（Pilot Phase）。其最初的执行机构为联合国开发计划署、联合国环境规划署和世界银行。

1992 年里约地球峰会前夕，全球环境基金进行了重组，与世界银行分离，成为一个独立常设机构。此次重组提高了发展中国家参与决策的程度和项目实施的力度。作为重组内容之一，全球环境基金受托成为《生物多样性公约》和《联合国气候变化框架公约》的资金机制。同时全球环境基金与《关于消耗臭氧层物质的蒙特利尔议定书》下的多边基金互为补充，为俄罗斯联邦及东欧、中亚一些国家淘汰对臭氧层造成损耗的化学物质提供资金支持。此后，全球环境基金又被选定为《关于持久性有机污染物的斯德哥尔摩公约》（2001）、《联合国防治荒漠化公约》（1994）和《关于汞的水俣公约》（2013）三个国际公约的资金机制。

1.2 全球环境基金托管基金

全球环境基金管理着全球环境基金信托基金、最不发达国家信托基金、气候变化特别基金和《名古屋议定书》执行基金，还临时性承担了适应基金秘书处的工作。

1.3 全球环境基金增资

全球环境基金每 4 年增资一次。希望向全球环境基金信托基金捐款的国家和地区（增资参加方）在增资期内按照增资程序做出捐资承诺。自重组以来，全球环境基金已进行了 7 次增资，前 5 个增资期共收到捐资约为 152.2 亿美元。其中，第一增资期（1994—1998）增资 20 亿美元；第二增资期（1998—2002）增资 27.5 亿美元；第三增资期（2002—2006）增资 30 亿美元；第四增资期（2006—2010）增资 31.3 亿美元；第五增资期（2010—2014）增资 43.4 亿美元；第六增资期（2014—2018），捐资承诺为 44.3 亿美元；目前已进入第七增资期（2018 年 7 月—2022 年 6 月），各方捐资承诺为 41 亿美元。

1.4 全球环境基金组织构架与利益相关方

全球环境基金的组织架构包括战略指导、运作和行动三部分，由成员国大会、理事会、秘书处、18 个全球环境基金项目指定机构、科学与技术顾问委员会和独立评估办公室组成，为多个环境公约提供资金支持（图 1-1）。其中，18 个全球环境基金项目指定机构负责协同受援国等申请和实施全球环境基金赠款项目。

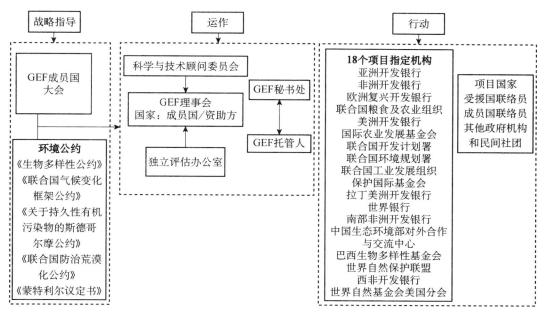

图 1-1　全球环境基金组织架构

1.5　全球环境基金业务规则与业务战略

　　全球环境基金作为涉及全球多数环境相关议题的多边环境公约资金机制，其业务战略须符合相关公约目的，遵循并接受各公约缔约方会议的指导。全球环境基金按照各公约缔约方会议确定的政策、战略和目标，制定相应的业务战略并通过联合融资、基金全球环境评价、项目政策与管理、公众参与、资源分配、监测与评价等进行落实。

2　全球环境基金与中国

2.1　中国的全球环境基金项目管理

　　中国是全球环境基金的 25 个创始国之一，在全球环境基金中有三重角色——成员国、受援国和捐款国，并同其他几个大的全球环境基金捐款国一样，拥有一个独立的理事席位，在全球环境基金的决策过程中发挥着举足轻重的作用。

全球环境基金赠款归国家所有。中华人民共和国财政部代表中国政府接受全球环境基金赠款，负责赠款项目管理工作，是我国全球环境基金赠款项目的统一管理部门。截至 2021 年 1 月，全球环境基金向中国 226 个项目提供了约 22.49 亿美元的赠款支持，联合融资 229.16 亿美元。

我国实施的全球环境基金赠款项目应当符合国民经济和社会发展战略，支持国家履行相关国际环境公约，具有全球环境效益，体现公共财政职能，注重制度创新和技术的开发与应用，以实现国家和全球可持续发展为最终目标。

为了规范和加强对全球环境基金赠款的管理，财政部根据《国际金融组织和外国政府贷款赠款管理办法》制定了《全球环境基金赠款项目管理办法》（以下简称《办法》），并于 2017 年 5 月进行了修订。《办法》对赠款申请与规划、赠款协议签署、实施与管理、机构与职责、监督与检查等均做了明确的规定。如规定财政部的职责包括对外接受全球环境基金赠款，制定管理制度，形成中国国别项目规划，统筹开展对外工作，指导、协调、监督项目的立项申报、前期准备、拨付、资金使用、绩效评价、成果总结和推广等。

地方财政部门是地方政府全球环境基金赠款归口管理机构，统一负责本地区全球环境基金赠款项目的全过程管理。受财政部委托，中国全球环境基金工作秘书处（设在生态环境部对外合作与交流中心）为财政部统一管理全球环境基金在华业务提供具体技术支持。

2.2 全球环境基金项目申报流程

GEF 项目国内申报流程（图 1-2），首先由中央行政（行业）主管部门或地方行政（行业）主管部门通过地方财政部门提交项目文件向财政部申报，其后由财政部和中国全球环境基金工作秘书处对项目文件进行技术审批，最后上报给全球环境基金。

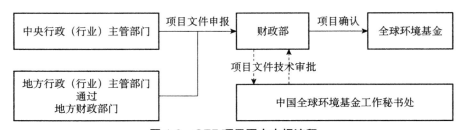

图 1-2 GEF 项目国内申报流程

全球环境基金项目的申请和审批包括报送项目概念书、项目识别表及项目文件三个环节（图 1-3）。

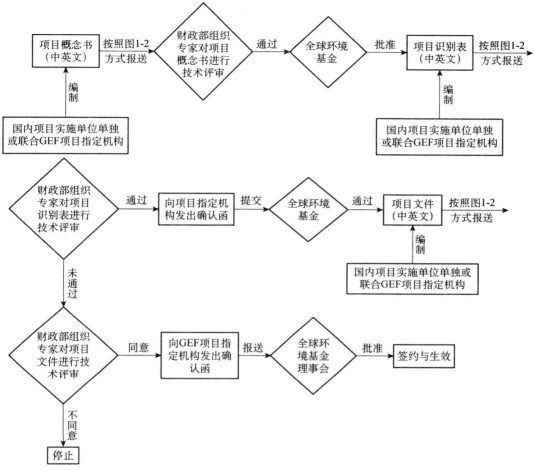

图 1-3　全球环境基金项目申报流程

2.3　全球环境基金工作秘书处

为了提高中国全球环境基金工作的协调和管理能力,更多地争取全球环境基金赠款,服务于我国的环境保护和可持续发展,财政部与原国家环保总局于 2002 年 4 月联合成立了"中国全球环境基金工作秘书处"。

该秘书处具有以下职能:

(1)协助财政部研究全球环境基金和相关国际环境公约的政策与战略;

(2)为建立中国和全球环境基金的合作总体框架提供技术支持;

(3)鉴别、审评、监督和评估中国全球环境基金项目;

(4)为中国全球环境基金工作组织专家队伍;

(5)宣传中国全球环境基金工作。

第二章

中国农村地区生态环境保护战略
需求与全球环境效益

1 当前中国农村地区生态环境现状与国家应对策略

作为人口数量最多的发展中国家，中国在过去 50 年里努力增加农业产出，利用约占全球 9%的耕地满足了全球 22%人口的基本粮食需求。农村生态保护建设与投入力度不断加大，先后启动实施了生物多样性保护、水土保持、退耕还林还草、退牧还草、防沙治沙、石漠化治理、草原生态保护补助奖励等一系列重大工程和补助政策，加强"山水林田湖草沙"系统统筹保护与建设，强化外来物种入侵预防控制，全国农业生态恶化趋势初步得到遏制、局部地区出现好转。2018 年，全国森林覆盖率达到 22.96%，全国草原综合植被盖度达到 55.7%。此外，农村人居环境逐步改善，政府积极推进农村危房改造、游牧民定居、农村环境连片综合整治、标准化规模养殖、秸秆综合利用、农村沼气和农村饮水安全工程建设，实施河湖长制、林长制，开展国家生态文明建设示范区和"绿水青山就是金山银山"实践创新基地建设，有力加强生态村镇、美丽乡村创建和农村传统文化保护。

但在我国农村地区生态环境取得巨大成就的同时，问题也日益显露：农业资源过度开发、农业投入品过量使用、农业内外源污染相互叠加等一系列问题，给农业可持续发展带来了重大挑战。农业、农村已成为温室气体排放、地表水污染的主要来源。农村地区生态系统退化明显，农田生态系统结构失衡、功能退化，涉农复合生态系统亟待建立。草原超载过牧问题依然突出，草原生态总体恶化局面尚未根本扭转。湖泊、湿地面积萎缩，生态服务功能弱化。农业生物多样性受到严重威胁，生态保育型农业发展面临诸多挑战，中国农业发展可持续道路举步维艰，尚未建立有效的农村生物多样性保护体系。为应对挑战，中国 2015 年首次发布了《全国农业可持续发展规划（2015—

2030 年)》,以指导创建一个新的低碳、资源高效利用和环境友好的农业发展模式,其核心是支持生态保护和环境改善。同时,该计划也重点突出了农业生物多样性的保护与可持续利用、生态功能保护和农业生态系统(包括草地)碳储量的提升。

大力发展生态友好型农业也是"十三五"规划重要内容之一。实施化肥农药施用量零增长行动,全面推广测土配方施肥、农药精准高效施用。实施种养结合循环农业示范工程,推动种养废弃物资源化利用、无害化处理。开展农业面源污染综合防治。在生态严重退化地区,探索实行耕地轮作休耕制度试点。在重点灌区全面开展规模化高效节水灌溉行动,推广旱作农业。希望通过大力发展友好型生态农业,改善生态环境质量,提升生产方式和生活方式的绿色、低碳水平,提高能源资源开发利用效率,有效控制能源、水资源消耗和碳排放量,大幅减少农业生产活动的主要污染物排放。

党的十九届五中全会通过的《中共中央关于制定国民经济和社会发展第十四个五年规划和二〇三五年远景目标的建议》(简称《"十四五"规划和二〇三五年远景目标的建议》)指出,要通过提高农业质量效益和竞争力、实施乡村建设行动、深化农村改革、巩固脱贫攻坚成果,并与乡村振兴有效衔接,优先发展农业农村,全面推进乡村振兴;通过绿色低碳发展、持续改善环境质量、提升生态系统质量和稳定性、全面提高资源利用效率,推动绿色发展,促进人与自然和谐共生。坚持"绿水青山就是金山银山"理念,坚持尊重自然、顺应自然、保护自然,坚持节约优先、保护优先、自然恢复为主的原则,守住自然生态安全边界;深入实施可持续发展战略,完善生态文明领域统筹协调机制,构建生态文明体系,促进经济社会发展全面绿色转型,建设人与自然和谐共生的现代化。到 2035 年,广泛形成绿色生产生活方式,碳排放达峰后稳中有降,生态环境根本好转,美丽中国建设目标基本实现,人民生活更加美好,基本实现社会主义现代化远景目标。

2　保护中国农村生态环境及农业生物多样性的全球效益

全球环境基金的投资须为气候变化减缓、生物多样性保护、土地退化防治、臭氧层损耗与持久性有机污染物管控等重点领域带来全球环境效益。保护中国农村生态环境及生物多样性,既是中国国情的迫切需要,也具有重要的全球环境效益,应该成为中国全球环境基金项目资助的重要方向。

中国是世界上人口最多的国家。截至 2019 年年底,中国人口(不包括香港、澳门、台湾)达到 14 亿人,约占世界人口总数的 18.4%;中国城镇化水平比较低,约有 5.5 亿人生活在农村,城镇化率只有 60.6%,远低于发达国家 80% 的平均水平。党的十九大报告指出,农业农村农民问题是关系国计民生的根本性问题,必须始终把解决好"三农"

问题作为全党工作的重中之重。中国农业问题关乎中国未来的命运，中国农村生态环境及农业生物多样性关乎中国可持续发展和全球环境。以气候变化减缓应对为例，作为全球最大的而且发展最快的建筑市场，中国 2018 年建筑面积总量约 601 亿 m^2，其中农村住宅建筑面积为 229 亿 m^2，占全国的 38.1%。建筑作为温室气体主要排放源，消费的能源占全国的 22%。且中国单位建筑面积能耗远高于世界先进水平，而农村建筑能耗又远远高于城市水平，因此农村建筑有比较高的碳减排潜力。中国乡镇企业已发展为中国国民经济的重要组成部分，是推动农村经济发展的强大引擎，是农村经济的支柱，在国内生产总值中占有很大比重。各级政府也将乡镇企业视为整个农村经济发展的战略组成部分，其发展为现代农业的发展提供了资金支持，是农村经济发展的动力。但乡镇企业的能源消耗要比当前采用先进技术的国有企业高出 30%～60%，而且乡镇企业产品质量较低，进一步降低了在使用产品过程中的能源效率。乡镇企业还是水污染、大气污染大户，部分企业工作环境不佳，危害劳动者的身体健康。另外，农业生产活动也是温室气体的主要来源之一。我国农业温室气体排放量约占全国总量的 17%，农地利用（包括化肥、农药、农膜等农用物资投入，农用机械使用耗费柴油，翻耕土壤表层，农业灌溉耗能）、人工湿地（水稻种植）、秸秆燃烧、反刍动物饲养是农业碳排放的 4 个主要来源。1997—2017 年，中国农地利用过程的碳排放数据统计发现，农地利用年均碳排放量为 7 572 万 t，化肥、柴油、农膜、农药、灌溉、翻耕年均碳排放量依次降低。化肥碳排放量第一，为 4 533 万 t，约占农地利用碳排放量的 60%。中国应对气候变化的压力不断增大，农村地区也必须采取更加有力的政策和措施实现低碳发展，这直接关系着 2030 年前 CO_2 排放力争达到峰值的目标能否实现。

中国是碳排放大国，农村地区正在进行大规模能源、交通、建筑等具有高排放特征的基础设施建设，是中国应对气候变化、减少温室气体排放的严峻挑战。全球环境基金等国际合作项目的实施能够为中国引荐并示范推广先进的理念和技术，必将有助于中国应对这些挑战。2020 年 9 月 22 日，习近平总书记在第七十五届联合国大会一般性辩论上郑重宣布"中国将提高国家自主贡献力度，采取更加有力的政策和措施，CO_2 排放力争 2030 年前达到峰值，努力争取 2060 年前实现碳中和"。这一重要讲话为我国应对气候变化、绿色低碳发展提供了方向指引。各地区各部门也必将深入贯彻，通过调整产业结构、优化能源结构、节能提高能效、推进碳市场建设、提升适应气候变化能力、增加森林碳汇、改变生产生活方式等一系列措施，来推进碳达峰，实现碳中和。

保护农业生物多样性是中国农村生态环境保护的一个重要方面，也是全球环境基金项目在生物多样性领域支持的重要方向。农业生物多样性是指直接或间接地作用于粮食和农业的动物、植物和微生物多样性和变异性，包括农作物、畜禽、林业和渔业多样性。它既包括用于食物、饲料、纤维、燃料和药品的基因资源（品种、种类）和物种的多样性，又包括用于支持生产的非收获性物种（如土壤微生物、天敌、传粉昆虫）的多样性，支撑农业生态系统（农、牧、林、水）的更广泛环境中的物种、遗传基因的多样性，以及农业生态系统的多样性。

中国农业生物多样性具有极其重要的全球意义。中国有 7 000 年以上的农业开垦历史，中国农民开发利用和培育繁育了大量栽培植物和家养动物，其丰富程度在全世界是独一无二的。世界上有许多作物和驯养动物品种来自中国。中国是瓦维洛夫提出的世界农作物八大起源中心之一，瓦维洛夫将其描述为最早和最大的农作物原产地，世界上有 1/4 的作物来自中国。中国现已查明的主要农作物野生近缘种共有 2 172 种，其中粮食作物类 311 种、经济作物类 454 种、果树类 420 种、蔬菜类 150 种、饲草与绿肥类 353 种、观赏植物类 484 种。据估计，在全世界收获的 1 200 种作物中，有 600 种在中国被发现。全球环境基金生物多样性战略将中国东部视为遗传资源保护的全球优先区域。农业遗传资源是保障可持续农业和粮食安全的基础，农牧品种的野生近缘种是改良品种、提高作物产量和抗性的重要资源。野生近缘植物由于其生长在未经人工驯化的生态环境中，相较栽培植物更能适应多样和极端的天气，因而对能适应全球环境变化的优异种质基因加以利用培育新品种具有重要的意义和价值。不幸的是，全球农业生物多样性正在以惊人的速度丧失。联合国粮农组织统计显示，自 20 世纪以来，约 75% 的植物遗传多样性已经丧失，这主要是由于农民逐渐放弃种植本地品种，选择种植人工培育的高产品种，尤其是适合机械化生产的品种。目前，全世界 75% 的食物仅来源于 12 种植物物种和 5 种动物物种，30% 的家畜品种濒临灭绝。国际专家普遍认为，这与农业产业化、转基因品种的引进以及缺乏鼓励农民继续种植传统农作物和养殖传统畜禽的经济激励措施等有关。遗传资源库的品种减少，导致粮食生产更易受病虫害、环境与气候变化的影响，极有可能造成作物和畜禽的大面积毁灭。农业是直接为人类提供食物的基础性产业，其生物多样性丰富程度影响着农业生产力、农产品品质和人类食物安全，影响着人类社会的可持续发展。保护农业生物多样性是保证农业可持续、弹性发展和粮食安全的核心。

中国是世界上生物多样性最丰富的 12 个国家之一，同时也是生物多样性受威胁最严重的国家之一。农村地区是生物多样性最重要的保留地，许多具有重要意义的物种以农村地区为主要栖息地。乡村及其附近林区、草原或湖泊是众多野生物种的栖息地，这些地区的生物多样性与农村有着千丝万缕的联系。中国面临着平衡生物多样性和社会经济发展的严峻挑战，特别是人类活动密集的农村地区。生境丧失、退化及破碎化，农业种植单一化，集约化耕作种植与驯养，土地利用方式改变，外来物种引进与入侵，遗传及野生资源的过度利用，农村生态环境污染，以及全球气候变化是影响我国农村地区生物多样性的主要因素。但中国自改革开放以来，经济结构有了很大的变化，农村地区缺乏发展机会，导致许多农村地区的年轻人正在放弃农业生计，搬到城镇。中国日益加快的城市化还导致饮食、消费和购买模式以及农村生产生活方式、耕作模式、土地利用方式的变化，进而导致对传统作物、畜禽以及相关耕作方法与农产品重要性认知能力的下降；千百年来积累的与此相关的传统农业知识、农业文化遗产也日渐凋零。由此可见，保护中国农村以及农业生物多样性具有显著的全球环境效益，而其现状也说明了在中国农村地区加强生物多样性保护体系建设的重要性和紧迫性。

改善农村生态环境，是中国农村地区可持续发展的重要目标，绿色是永续发展的必要条件和人民追求美好生活的重要体现。农村生态环境问题是社会关注的焦点之一，是 2035 年基本实现社会主义现代化、2049 年实现第二个一百年目标的关键之一。必须在农村地区坚持节约资源和保护环境的基本国策，坚持可持续发展，坚定走生产发展、生活富裕、生态良好的文明发展道路，加快建设资源节约型、环境友好型社会，形成人与自然和谐发展的现代化建设新格局，推进美丽中国建设，为全球生态安全做出新贡献。《"十四五"规划和二〇三五年远景目标的建议》已经明确指明了中国的发展与全球环境效益的关系。保护中国农村生态环境、生物多样性将直接贡献于全球环境改善，并形成中国经验。

综上，在中国农村地区实施全球环境基金项目，完全符合中国农村生态环境保护战略需求和可持续发展目标，不仅能产生显著的全球环境效益，还能促进中国农村地区的可持续发展、改善当地人民生活水平、巩固扶贫成果及推进乡村振兴。

第三章

节能砖与农村节能建筑市场转化项目

节能砖与农村节能建筑市场转化项目（以下简称"节能砖项目"），是中国政府与联合国开发计划署合作开发并实施的一个重大国际节能合作项目。项目被列入全球环境基金第四增资期气候变化重点领域，获得全球环境基金赠款 700 万美元，国内融资 4 536.21 万美元。2010 年 2 月，该项目获得全球环境基金批准，于 2010 年 5 月启动，2016 年 12 月结束。

此项目的全球环境基金项目指定机构 ①（以下简称"项目指定机构"）是联合国开发计划署；国内项目实施单位是原农业部，具体由原农业部科技教育司组织实施。项目致力于提高我国农村制砖行业和商用民用建筑行业能源利用效率、减少温室气体排放。

1 立项背景

1.1 中国政府高度重视节能建筑技术应对全球气候变化

在项目开发与实施期间，中国政府积极应对全球气候变化，把促进节能建筑技术的发展作为实现国家节能减排目标的重要战略选择之一。当时中国建筑行业能耗占全国总能耗的 30% 左右，是温室气体的主要排放源，直接关系着中国节能减排目标能否实现。2007 年修订的《中华人民共和国节约能源法》规定，建设、施工、监理的全过程必须符合相关的节能法律、法规和标准，政府鼓励在新建建筑和旧建筑改造中应用新的节能墙

---

① 全球环境基金项目指定机构，是指由全球环境基金指定的，帮助受援国等申请和实施全球环境基金赠款项目的机构（关于印发《全球环境基金赠款管理办法》的通知，财国合〔2017〕33 号）。在 2007 年 7 月 2 日印发的《全球环境基金赠款项目管理办法》（财际〔2007〕45 号）中称为"国际执行机构"。

体材料。国家《"十二五"建筑节能专项规划》中也要求积极探索、推进农村建筑节能以及促进新型材料的推广应用。

1.2 中国农村建筑行业具有广阔的节能减排前景

项目立项时，中国作为全球最大而且发展最快的建筑市场，每年新增建筑面积超过 20 亿 m²。其中，农村建筑面积占全国既有建筑总面积的 60%，年增长量占全国的 57%，其能耗占建筑行业总能耗的 58%（包括生物质能）。在同等气候条件下，中国单位建筑面积能耗比世界先进水平高 2～3 倍，而农村建筑采暖能耗又比城市建筑高 2～3 倍。农村建筑大多是用黏土实心砖建造的一层或二层的房屋，独立分散、隔热性能差等是致使农村建筑能效远低于城市建筑的主要原因。项目实施前，中国约有 9 万多家制砖厂，其中 95% 以上分布在农村，年产实心砖 1 万亿块。实心砖不仅隔热性能远不及节能砖，而且其生产过程耗能比节能砖高 50%。我国制砖业每年耗煤大约 0.7 亿 t，排放 CO_2 1.7 亿 t。另外，我国黏土制砖每年消耗黏土资源 10 亿 m³ 以上，相当于每年破坏 500 万亩耕地。而极为严峻的是中国的耕地面积仅占世界的 9%，却需养活 22% 的世界人口。

1.3 原农业部努力推动新型墙材与农村地区节能建筑的应用

原农业部是负责农村地区节能减排工作的国家行政主管机构，已在国内开展了沼气运用、农村可再生能源利用、省柴节煤炉灶炕等一系列农村能源与环境保护方面的节能减排和技术推广工作，成效显著。鉴于制砖企业大部分是原农业部行政管辖范围内的乡镇企业且农村建筑行业具有巨大的节能减排潜力，原农业部对节能墙材与农村地区节能建筑应用也给予了高度重视。自 1994 年开始，在国家发展改革委、财政部等有关部门的支持下，农业部持续关注农村制砖业的节能减排技术改进与农村节能建筑的推广工作，通过开展国际合作，如与联合国开发计划署联合实施的全球环境基金"中国乡镇工业节能与温室气体减排项目"等，深入推进相关领域的节能减排工作。2004 年，农业部与国家发展改革委等有关部门共同承担了国家墙体材料革新与改革的指导与管理职责，以促进新型墙体材料的生产和运用。

但直到 2010 年，我国仍局限在城镇建设中开展建筑节能工作。为了提高中国农村制砖行业、农村民用及商业建筑行业能源利用效率，减少温室气体排放，2010 年 5 月，在全球环境基金支持下，农业部和联合国开发计划署启动实施了节能砖与农村节能建筑市场转化项目。

1.4 项目拟解决的问题

项目前期调查发现，中国农村地区推广和应用节能砖和节能建筑依然面临着信息、政策、融资与技术等多方面的障碍。消除这些障碍需要多方共同努力，采取有针对性的促进与推动措施。按照项目设计，需克服以下主要问题。

（1）信息传播渠道缺乏，公众意识淡薄

在项目利益相关方中，特别是地方层面，存在着对农村节能砖和节能建筑的认知缺乏以及信息传播能力不足等现象。

政府和国际机构在项目实施之前开展的公众意识和信息传播方面的活动，主要是针对城区设计，未考虑到农村居民的生活习惯及其对节能砖、节能建筑的特殊需要；未建立专门针对农村的节能信息传播渠道。但由于这些关键利益相关方缺乏节能认识及相关信息获取渠道，导致虽然有少量农村砖厂可以生产高质量的节能砖，有关科研部门开发的针对农村的节能砖和节能建筑模式技术却无法得到推广。

（2）政策引导不够，配套措施缺失

中央政府部门已经认识到了农村节能砖生产和节能建筑的重要性，但尚未制定相应的节能建筑和节能砖开发规划、实施计划，缺少相应的政策和必要的激励措施。农村节能建筑推广也未纳入国家墙体材料改革的相关政策和活动中；已制定并实施城市节能建筑标准，但尚未制定农村地区节能建筑设计标准以及相应的节能建筑施工规范、农村节能砖生产和产品标准；尚未建立基于市场，旨在完善和推广农村节能建筑、节能砖产品与技术的必要市场竞争程序和节能产品鉴定机制。

项目实地调查发现，地方政府对参与项目实施有极大的兴趣和积极性，但地方村镇规划尚未纳入有关节能建筑推广内容，地方政府中的工作人员通常不了解或不知道农村节能建筑和节能砖的概念，同时也缺乏实施节能项目、组织活动的经验、知识与技能。

（3）融资渠道不畅，资金支持不足

缺乏融资渠道通常是农村建筑开发商和砖厂开展、扩大业务时面临的主要困难。而且融资相关申请和批准程序复杂、耗时，农村建筑开发商和砖厂又缺乏专业的财务管理经验和会计能力，难以准备符合要求的财务和业务状况、会计报表等银行申请贷款的基础信息审核材料。

地方金融机构缺乏为农村节能技术、节能项目以及相关的农村中小企业的节能项目提供融资的可行途径或措施。节能项目成本高、无商业吸引力，或虽可能有一些经济效益，但存在较大的技术风险等是金融机构对节能项目的基本认识。对于地方金融机构而言，节能砖、节能建筑都是全新概念，需对其现行金融产品、业务模式及操作程序进行调整，才能开发这一全新的市场，并成功实施。

（4）技术水平和能力低下

调查发现，与城市节能建筑相比，农村节能建筑的开发具有独特的技术特点。中国农村除典型的民居结构和材料外，多由一个小型的、地方性的建筑包工队来承担建筑施工，也是特点之一。因廉价的建材和较低的劳动力成本，农村建筑单位面积造价比城市低 50%～80%；但较大的围护结构体型系数和较差的保温绝热性能，导致农村建筑比城市建筑具有更多、更快的热损失。

1.5 项目目标

节能砖项目旨在中国农村制砖行业、民用/商业建筑行业实现温室气体减排并提高能效，通过意识提升、信息传播、政策完善、融资支持、技术示范与推广等活动，克服节能砖、节能建筑在中国农村地区推广与应用的信息、政策、金融和技术方面的障碍，提高能源利用效率，促进中国农村制砖行业、民用/商业建筑行业的温室气体减排。

为实现上述目标，项目设计了四个具体任务。

（1）信息传播和意识提升。包括针对主要利益相关方开发专门的信息传播网络和相关的多媒体产品，克服信息传播能力不足、公众意识淡薄的障碍。

（2）政策开发和制度支持。包括在国家和地方层面开展技术支持和能力建设活动，克服农村地区节能建筑和节能砖政策制定和实施障碍。

（3）资金支持和融资能力改善。包括针对节能砖与农村建筑市场转化融资相关部门，开展一系列技术支持和能力建设活动，克服农村缺乏有效的融资渠道和资金支持的障碍。

（4）示范推广和技术支持。包括实施相关活动，示范推广节能建筑应用和节能砖生产技术，促进全国范围推广路线图的制定和推广机制的建立，克服缺乏典型示范和技术支持能力的障碍。

1.6 项目设计成果

项目总体目标是通过克服各种市场障碍，为中国农村地区提供经济、可靠、持续的节能建筑和节能建筑材料，加速其市场化进程。预期项目结束时，将取得如下成果。

（1）与无项目介入生产模式相比，CO_2 排放量每年减少 118 480 t，至项目结束时共减少 236 670 t。

（2）与无项目介入生产模式相比，每年节约 47 580 t 标准煤，至项目结束时共节约 95 050 t 标准煤。

（3）项目结束时，实施项目地区的节能砖市场份额占 20%。

（4）实施项目地区，节能建筑量占当地农村总建筑量的 20%。

1.7 主要利益相关方

项目的主要利益相关方见表 3-1。

表 3-1 项目主要利益相关方一览表

机 构	项目角色与作用
联合国开发计划署	全球环境基金项目指定实施机构，监督项目实施
原农业部（现农业农村部）	项目实施单位，负责与财政部、住房和城乡建设部、国家发展改革委等中央部门及地方政府的沟通协调；负责项目推进、进度掌控、产出质量把关、试点和能力建设等
财政部	全球环境基金归口管理部门，项目指导委员会成员单位；通过项目指导委员会积极参与项目实施，尤其在相关政策研究与建议、标准以及国家发展路线图制定与推广机制方面发挥重要作用
国家发展改革委	项目指导委员会成员单位，推动农村节能建筑可持续发展战略和政策的制定实施
住房和城乡建设部	项目指导委员会成员单位，与项目实施单位保持密切联系，根据国家政策调整情况及时指导项目工作；地方村镇建设管理部门支持村镇建设试点工作，确保做好农村住房建设与住房安全工作，保证项目顺利实施
科学技术部	项目指导委员会成员单位，负责科技政策咨询与把关
原国土资源部（现自然资源部）	项目指导委员会成员单位，通过项目指导委员会积极参与项目实施，尤其在相关政策研究与建议、标准制定以及国家发展路线图和推广机制确定方面发挥重要作用
原环境保护部（现生态环境部）	项目指导委员会成员单位，负责环境政策支持与把关
地方政府	组织并参与地方子项目实施，进行监管和指导；项目将推动其能力建设，增强其组织、实施节能砖与节能建筑应用及推广能力
地方农村建筑开发商	农村节能建筑主要施工者，项目通过培训和知识共享活动增强其在节能建筑和节能砖使用方面的能力
农村居民	项目技术主要援助对象和受益方，农村节能建筑的拥护者，将积极参与各类项目活动。项目通过培训和知识共享活动，增强其节能建筑和节能砖使用方面的能力，并为其提供相应补贴
农村制砖企业	项目技术援助对象和受益方，将积极参与节能砖生产活动，并为农村节能建筑提供节能砖产品

续表

机　构	项目角色与作用
地方金融及行业管理机构	项目技术援助对象，是农村砖厂和建筑开发商的主要融资渠道，将通过多方协调和融资，积极参与项目各类活动
节能建筑/节能砖相关研究机构	项目专家咨询委员会成员单位；项目活动分包承担单位，在农村建筑开发与节能砖生产方面发挥技术支持作用
金融研究机构	项目专家咨询委员会成员单位；项目活动分包承担单位，向政府部门、银行和农村企业提供相关政策、规则和商业操作规范的制定、实施与实践建议
节能/能效政策研究机构	项目专家咨询委员会成员单位；项目活动分包承担单位，在各级政府机构和其他从业机构制定和实施节能政策、条例和节能管理规划时发挥积极作用

1.8　项目实施区域

实施期内，分严寒、寒冷和夏热冬冷三种气候环境，选择新疆维吾尔自治区、吉林省、河北省、湖南省、四川省、甘肃省、陕西省、安徽省、浙江省共 9 个省区进行示范工程建设，并在全国推广。

2　管理与实施方式

2.1　项目组织与管理安排

节能砖项目的最高决策机构是三方评审会和项目指导委员会。其中，三方评审会由原农业部（项目国内实施单位）、财政部（全球环境基金归口管理部门）和联合国开发计划署（项目指定机构）组成，每年举行一次会议。项目指导委员会由国家发展改革委、住建部、原国土资源部、工信部、原环境保护部、科技部等国家有关部委代表及行业代表组成，每年举行一次会议。二者为节能砖项目的实施进行国家层面上的审核、指导与决策，共同组成项目的最高指导决策机制。

为保障项目稳步实施，原农业部科技教育司成立了国家项目办公室（简称"国家项目办"），设国家项目办主任一职，并向三方评审会、项目指导委员会负责；项目在各实施省区分别设立地方项目办公室。同时委托商务部中国国际经济技术交流中心为项目提供第三方财务管理服务。组织关系如图 3-1 所示。

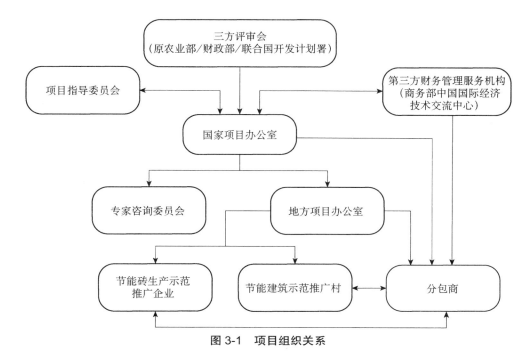

图 3-1 项目组织关系

2.2 项目活动调整

随着项目活动的顺利推进以及国内政策形势的变化，国家项目办意识到国内实施环境的变化已经远超项目设计阶段的预期，必须据实调整项目实施策略，充分利用有利时机，更加积极主动地扩大项目影响。为此，国家项目办根据国内政策环境形势及项目中期评估建议，对原设计的具体实施策略作出了调整。

（1）节能砖生产与应用标准体系复制推广方式调整。根据中期评估建议，国家项目办认识到，项目不应该按原设计仅停留于开发制定节能砖标准，而应该：

1）建立、完善标准体系并使其向下游延伸，不局限于产品标准，还应该包括节能砖产品测试方法、能耗标准、应用规程及施工方法；

2）将节能砖标准的宣传贯彻与加大执法力度作为工作更深入的努力方向，以进一步加速节能砖市场化发展。

（2）农村节能建筑复制推广模式的调整。在实施过程中，国家项目办意识到，农村节能建筑的推广应用条件存在极大的地区差异，其示范与推广不应该仅局限于项目文件设计的零星分散方式，而应因地制宜，在有条件的地区尝试采取以地域为单元的系统推广复制模式。为此，国家项目办与国家墙改办以及四川成都、浙江、陕西咸阳等地方政府合作，因地制宜，将农村节能建筑的推广应用纳入地方政府规划和行动方案。如此不仅增加了项目推广工程的数量，也极大增加了配套资金的落实力度，从政策与体制上增强了全球环境基金项目影响力与可持续性。

（3）开辟新的融资渠道、增强金融激励。在实施过程中，国家项目办意识到农村节能建筑市场仍然处于市场发育的萌芽阶段，商业金融机构并不能起到引领市场发育的主导作用；政府的资金支持与财税政策激励才是此阶段推动市场发展的关键因素。因此，国家项目办及时调整项目实施策略，在努力吸引商业金融机构参与项目的同时，把工作重点转移至对政府资金与财税激励的发掘上来。通过与国家墙改办、财政部财政科学研究所合作，成功引入墙改基金作为农村节能建筑推广应用的启动资金，同时把农村节能墙材的生产也纳入政府财税优惠范畴，保证了节能砖与节能建筑在未来推广应用时享有可持续的资金渠道与金融激励。

2.3　项目财务管理

财务管理是项目的重要组成部分，为项目顺利实施提供保障。为加强财务管理对项目实施的支撑保障作用，2010 年农业部科技教育司与商务部中国国际经济技术交流中心签署了《项目管理服务协议》，委托其为项目提供第三方财务管理服务。中国国际经济技术交流中心向国家项目办及联合国开发计划署提交季度财务报表和年度综合执行报告。

建立了项目财务支付制度。由国家项目办向中国国际经济技术交流中心财务人员提供经国家项目办主任签字确认的《付款确认书》及报账材料，经中国国际经济技术交流中心确认符合财务规定后，由其从项目账户将款项转账到《付款确认书》指定账户。

2.4　项目监督评估

项目监督评估旨在为项目活动及其成果产出符合项目设计提供重要保障，并借此及时发现问题、提出建议，进行相应调整。项目实施阶段的跟踪评估活动主要包括项目日常活动跟踪评估、中期评估与终期评估。

（1）项目日常活动跟踪评估

项目日常活动跟踪评估工作是在三方评审会与项目指导委员会的领导监督下进行的，由国家项目办负责组织，国家项目办、专家咨询委员会、地方项目办、示范工程建设管理单位共同完成，贯穿整个项目实施周期。其工作流程：1）国家项目办根据项目文件要求，在年度工作计划中确定详细的年度跟踪评估指标体系和工作计划；2）专家咨询委员会、地方项目办、示范工程建设管理单位等按照国家项目办要求收集上报项目活动进展报告；3）国家项目办组织开展对项目活动进度与质量的监督检查以及对重要活动产出的评审工作；4）国家项目办准备年度工作进展报告，并提交项目指导委员会和三方评审会审查批准。

（2）中期评估

中期评估是在项目实施中期进行，其目的是通过对项目的阶段性结果、影响、进度及参与项目活动的各方表现进行评估，为下一阶段工作提出建议，促进全球环境基金及项目目标的实现。同时通过评估加强全球环境基金与其合作方之间的学习、反馈，分享成果和经验教训，将其作为制定政策、战略以及加强项目管理与执行的基础。2013 年 10—12 月，联合国开发计划署聘请的独立专家组对项目进行了中期评估。专家组通过采访、现场调研、与项目利益相关方座谈，给予项目符合实际的评估结果；但也建议项目在计划性、与相关利益方的沟通协调、项目监测评估、培训以及项目支持编制的政策和技术标准实施方面要进一步加强。

（3）终期评估

终期评估是在项目实施完成后进行的评估，旨在评价项目目标的实现程度、项目影响及结果的可持续性，总结项目实施经验教训，并为未来其他全球环境基金项目的实施提供借鉴。2016 年 11 月，联合国开发计划署聘请独立专家组对项目进行终期评估，项目整体评估结果为满意。

3 项目主要产出与影响

实施期内，节能砖项目在河北、陕西、湖南、湖北、浙江、四川、重庆、吉林、新疆、甘肃、山东、安徽、西藏等 23 个省（自治区、直辖市）支持下，指导 220 个节能砖示范推广企业完成了技术改造，推动了砖瓦行业的技术进步和产业升级。至项目结束时，节能砖在全国农村市场的占有率达到了 30%，完成并超过了项目设定的 20% 的目标；在 13 个省（自治区、直辖市）实施了 55 个农村节能建筑示范与推广工程，17 306 户居民入住了节能型新民居，节能率达到了 50%，为社会主义新农村建设注入了环保节能的新内涵；通过提高能源利用效率，实现节约 64.8 万 t 标准煤，减少 CO_2 排放 161 万 t，大大超过了项目设计的节约 95 050 t 标准煤、减少 CO_2 排放 236 670 t 的预期目标。同时，在信息、政策、金融及技术方面创新，形成了一系列可持续的长效机制，为我国农村地区减缓气候变化、建设生态文明探索了新路径，也为"一带一路"国家节能减排提供了借鉴。

节能砖项目从信息传播与意识提升、政策开发与机构能力建设、资金支持与融资能力改善、示范推广与技术支持四个方面很好地完成了项目设计目标。

在信息传播与意识提升方面，建立并正式运行了节能砖与农村节能建筑信息传播网站，包括农村节能砖信息网、节能建筑信息网、项目管理网站；制作发行了多个多媒体宣传产品，包括 2 个科教片《新型节能砖和节能砌块生产技术》《农村节能建筑施工工艺》，2 个成果宣传片《砖筑绿色村镇、同筹绿水青山》《节能砖加减法》；通过科普展览室、中央电视台、中组部党员在线平台、《农民日报》、宣传挂图、网络等多种途径宣传理念和技术，开展项目培训、国际交流和综合宣传，受众超百万人次。

在政策开发和机构能力建设方面，拟订了农村节能砖生产与节能建筑应用的政策和实施条例，支持编制了《新型墙体材料产品目录》《墙体材料行业结构调整指导目录》《砖瓦工业"十三五"发展规划》《太阳能发展"十三五"规划》《烧结砖瓦能耗等级定额》等行政政策，项目选用的节能砖产品纳入了新型墙体材料增值税政策（财税〔2015〕73 号）；支持制定了节能砖产品和应用的系列标准，如《烧结多孔砖和多孔砌块》（GB 13544—2011）、《烧结保温砖和保温砌块》（GB 26538—2011）、《复合保温砖和复合保温砌块》（GB/T 29060—2012）等，为节能砖的推广和应用提供了技术指导与依据；支持编制了中国第一部农村节能建筑设计标准——《农村居住建筑节能设计标准》（GB/T 50824—2013），填补了该领域的空白。同时，支持陕西、浙江等省（自治区、直辖市）将促进节能砖、农村节能建筑推广应用纳入政府行动计划，提高了地方政府政策执行能力。

在资金支持与融资能力改善方面，开展了项目示范和推广企业投融资能力评估，编制了 60 个融资及商务计划，举办了 3 期投融资能力培训班，培训相关人员 245 人次；撬动用于节能砖生产和地方节能建筑建设的资金达到 32 814.7 万美元，超过项目设计融资目标额度（4 484.21 万美元）的 7 倍，大大促进了地方新农村建设资金用于节能建筑。

在示范推广与技术支持方面，建设了 220 个节能砖生产示范和推广工程、55 个农村节能建筑示范和推广工程，为 1.73 万户农民建造了 229.7 万 m^2 节能民居；根据统计，至项目结束时，农村制砖和民用/商业建筑实现累积 CO_2 减排 161 万 t/年，建筑能效提高 50%，超过了项目设计的 30%的要求，项目减排效果显著。

4　项目实施经验

在节能砖项目的实施过程中，项目设计、目标设定、组织实施方式及项目取得的成果，均可为其他项目，特别是针对农村的项目实施提供有益借鉴。保证项目成功执行、实施并实现项目预期成果的因素，涉及方方面面。通过梳理可发现，节能砖项目的成功得益于以下几个方面。

4.1　将节能建筑推广、农民生活条件改善与乡村发展作为一个有机整体

随着城镇化进程的加快，很多村庄空心化、老龄化现象严重，乡村凋敝已是不争的事实。主要原因在于乡村生活条件艰苦，人们在这里不能过上更加舒适的生活，必定要向外寻找更好的空间。改善农村的基础设施，让农民住上舒适宜居的房屋成为增强乡村活力的一个重要条件。节能砖项目正是契合了乡村现实需要，让一些村庄有了"把人留住"的希望，响应了农村、农民需求。

如四川节能砖项目实施就充分利用了国家节能砖项目这个良好的契机，整合社会资源，将规划、设计、施工、质监、建材科研院所、大专院校、节能砖生产企业和管理部门整合为一个合作团队，系统推进节能砖与农村节能建筑市场转化项目的实施，顺应了农村、农民的实际需求，其实施推进的速度比较快。

成都市并没有把节能砖项目单纯作为一个节能项目来做，而是把节能减排、农民生活条件改善和乡村发展作为一个整体性问题来统筹考虑。首先，结合"4·20"芦山地震灾后恢复重建，提升农村建筑质量，改善农村地区人居环境，是成都市在农村推广节能建筑的一个基本思路。其次，成都市统筹城乡发展为村民改善居住环境提供条件，制定了《成都市社会主义新农村规划建设管理办法（试行）》。该办法明确了农村建筑规划与建设管理机构、管理原则、用地许可、方案编制、规划设计、施工许可、监督实施、竣工验收等内容，对农村建筑市场的监督管理具有指导性意义。在此基础上，在乡镇设置了乡村规划师、建筑质量管理协管员等专业岗位，对农村建筑市场进行监管，使规划、建设等相关方面的法律法规能够渗透进农村建筑市场之中，填补了农村建筑市场长期缺少科学、有效管理的空白。最后，项目设计也将村庄建设和产业发展密切结合。如成都市郭坝村安置点建好后，就打造了一个黑茶种植基地，不单是种茶、卖茶叶，还充分挖掘了茶文化，建了博物馆，把茶当成一个产业来做；马岩村利用良好的生态环境搞生态旅游和农家乐；周河扁村建成可以出租的酒店式节能房，农民可以入股或当服务员。如此，老百姓既住上节能环保的房子，又有收入保障，整体乡村环境变好，真正形成了美丽乡村。

陕西节能砖项目也是如此。如咸阳市大石头村是陕西省第一个建筑节能示范村，项目专家和团队提前介入，在村民挖地基的时候就现场参与设计和指导，通过与各方的有效沟通，设计图纸完全按照城市建设的节能要求设计，优先考虑使用节能砖，不仅起到节能减排的作用，同时增加了农村建筑的寿命。国家项目办在建设过程中严把技术管理关，村民建房必须按照图纸统一施工，技术部门派专人蹲点指导落实。除改善农民居住条件外，政府和国家项目办也将农村长远发展考虑进来。在搬迁过程中，国家项目办不仅将节能建筑融入其中，还结合当地实际对村民生产生活进行准确定位。大石头村人民

热情好客、新居建筑风格独特、民俗文化浓厚，加上富有传统特色的绿色饮食，是典型的田园乡村。同时新村离咸阳市区只有 9 km，离新建的机场也很近，区位优势突出。该村在乡村旅游和农家乐上下功夫，发展乡村休闲产业。如今，大石头村已被评为陕西省省级乡村旅游示范村，渭城区统筹城乡发展、新农村重点建设村。

4.2 与建设美丽中国、美丽农村等政府工作相融合，形成合力

富民安居工程是国家对新疆实施的一项特殊政策，对新疆建房农民进行补贴，是解决新疆民生领域突出问题的首要工程。该工程自 2010 年开始，5 年总投资 1 152 亿元，其中中央财政补助 147.2 亿元，自治区财政补助 108 亿元，其余部分通过对口援建、银行贷款、地县筹集、农牧民自筹等方式解决。对南疆三地州农村困难家庭使用银行贷款建房的，自治区财政给予 2 年贴息支持。富民安居工程中政府出钱给老百姓买部分建材，节能砖就是其中之一。政府统计好农民用砖量之后，直接送到家。节能砖补贴加上富民安居工程的配套，累积的补贴数额相对较多，再加上不断宣传的节能减排理念，农民更容易接受。例如，推进新疆喀尔墩乡 2 个村庄 30 户农民的建房使用节能砖，前后仅用不到 1 年的时间。建好的节能房不仅冬天保温效果好（当地冬天−30℃左右），而且大大节省取暖用煤量，夏天又凉爽。冬暖夏凉节能的房屋，逐渐让老百姓从心里开始认可并使用节能砖。

甘肃省住房和城乡建设厅 2012 年制定下发了《关于开展甘肃省农村建筑节能"南墙计划"的指导意见》（以下简称"南墙计划"），2013 年开始在全省逐步推广。"南墙计划"是指在农村地区建筑物朝阳的南立面上加设阳光间、暖廊，配设太阳能光热、光伏设施等，提高农民居住舒适度、降低能源消耗，是一种太阳能建筑一体化利用形式。2014 年，甘肃省榆中县将节能砖项目与"南墙计划"进行了结合，放大了项目示范效果。为解决资金难题，推进节能砖项目顺利实施，甘肃省在省墙改基金中拨付 100 万元作为节能砖补贴；榆中县还规定凡在建设农宅过程中采用节能设施的，县房管局每户补助 2 500 元。项目实施过程中，省墙改办对节能建筑建设过程进行了节能标准与能效监控，甘肃省建材科研设计院还对示范项目进行了检测，结果显示，用新墙材建设的房子比原来传统墙材建设的房子，在相同取暖条件下冬季室内平均温度高 5～8℃，冬暖、省煤、夏季凉爽，使农民真正打消了使用节能砖的顾虑。

浙江省节能砖项目由全国墙体材料革新委员会、浙江省发展新型墙体材料办公室、浙江省农业生态与能源办公室共同组织实施。在项目推广过程中，浙江省从"让广大农民共享生态文明建设成果"这一理念出发，坚持"砖筑生态村镇，同筹绿水青山"。经过 6 年努力，共建成农村节能建筑示范村 1 个、农村节能建筑推广村 9 个，建造节能农房

66.29 万 m²，共 3 131 户农户。农民搬进节能建筑后，普遍认为住上了好房子，过上了好日子，提升了生活品质。更重要的是，浙江省借助节能砖项目在实践中总结的经验，出台了一系列政策、措施、标准和规程，从而为农村节能砖与农房建筑节能可持续发展奠定了基础。

4.3 深入宣传推广，引导农民主动仿效和采用节能产品与技术

陕西大石头村节能砖项目建设过程中，政府、国家项目办、砖厂采用多种方式向农民宣传节能砖节能效果和安全性。村委也积极配合将原来的 6 个村民小组划分成 43 个组团，每个组团设有专门负责人。节能砖项目办组织专家、乡镇干部、村干部先给村民小组组长、组团负责人讲解节能砖和节能建筑的优势，做通他们的思想工作。盖房之前，组团负责人再具体向组团里的每一户老百姓详细讲解，包括用什么盖、如何盖、为什么要这么盖等。如果有一户节能减排的认识跟不上，整个组团的房子就盖不成。通过上述宣传和努力，村民思想意识逐渐发生了转变。随着村支书所在组团最早建起节能房，越来越多的村民前来参观体验，并开始自动宣传。经过 3 年的不懈努力，大石头村的村民全部住上了节能减排的房子，真正享受到了节能减排带来的好处。2013 年 11 月 19 日，全球环境基金、联合国开发计划署和原农业部共同授予大石头村首个"节能建筑示范村"荣誉称号，在全国起到了很好的示范推广作用。

国家项目办在甘肃省榆中县青城镇推广节能砖项目的过程中，到村里向村民集中讲解节能砖的好处，同时发放甘肃省住房和城乡建设厅印制的《农村建筑节能措施知识问答》手册，供村民学习了解建筑节能知识；在青城镇项目实施期间，原农业部项目办连续 2 年给老百姓免费提供节能砖宣传对联，也起到了很好的宣传效果。

相对于他人的宣传，老百姓更愿意相信"眼见为实"。四川省邛崃市油榨乡马岩村第一批节能房建成后，村民争相入住，确实感觉跟当初专家说的一样：冬暖夏凉、省煤省电。农村是个熟人社会，榜样的力量是无穷的。马岩村节能房建好之后，参观者络绎不绝。不但附近村民主动前来打听消息，外地也组织村民来参观。一传十，十传百，在周边乡村引起了很好的反响。与马岩村距离不远的喻坎村和红旗村在参观完马岩村的节能房后，当即决定建设节能建筑。

4.4 政府引导、政策支持、加强监管是推广成功的决定因素

浙江省从 2010 年开始向农村推广节能砖，陆续出台了一系列农村节能建筑省级政

策。2010 年，浙江省委办公厅、浙江省人民政府办公厅印发了《浙江省美丽乡村建设行动计划（2011—2015 年）》，明确提出"推广农村节能节材技术，推动建筑节能工程在农村实施，农村太阳能路灯、太阳能热水器等太阳能综合利用设施进村入户，引导农村新建住宅采用节能、节水新技术、新工艺，支持农户使用新型墙体建材和环保装修材料"。农房建设纳入《浙江省民用建筑项目节能评估和审查管理办法》，做到相关监管有据可依。2014 年，浙江省出台了《关于规范农村宅基地管理切实破解农民建房难的意见》，要求规划区内的中心村全部集中建房，将节能建筑纳入审查内容。2015 年，浙江省人民政府办公厅印发《关于进一步加强村庄规划设计和农房设计工作的若干意见》，提出"按标准进行设计，提高防灾、抗震等能力。在农房设计和建设中推广应用绿色节能新技术、新产品、新工艺，特别要大力推广应用分布式光伏、空气源热泵和太阳能光热等可再生能源建筑应用技术，注重可再生能源利用设施与农房的一体化设计"。2016 年 5 月 1 日开始实施《浙江省绿色建筑条例》，提出"四节一环保"，即节能、节材、节水、节地和环境保护，并明确提出"绿色农房"建设要求。2016 年 5 月 5 日，浙江省经信委出台《关于开展农村自建房建设项目新型墙体材料推广应用工作的指导意见》，提出到 2020 年全省农村因地质灾害形成的重建工程、下山脱贫异地搬迁工程、农村危旧房改造工程，以及中心镇、中心村集聚区等新农村农房建设工程，实现新型墙材推广应用全覆盖。农村自建房使用新型墙材占农村自建房比例达到 30% 以上。

这些政策的出台意味着浙江省形成了针对农村的建筑节能系统要求，使农村建筑纳入墙改系统规范管理有了政策上的依据。顶层设计加上政策推动，使农村建筑节能工作从原来的试点示范变成了全面推动的常规性工作。节能砖和节能建筑在农村推广也就有了持续下去的基础。

然而纳入监管还需要具体的操作程序，这牵扯到各种各样可操作的规范和流程。在节能砖项目的推动下，浙江省逐步完善了相关标准和规程，形成了《村镇房屋防灾技术规程》《烧结页岩空心砌块设计图集》《烧结墙体材料单位产品能源消耗限额》《墙体自保温系统应用技术规程》等浙江省地方标准，制定了《烧结保温砌块应用技术规程》，即将发布。

在上述政府引导、政策支持和加强监管的基础上，2015 年年底，浙江全省新型墙材生产比例已达 83.5%，应用比例达 86.2%。

4.5 整合多项资金，落实相关补贴，增强项目可持续性

四川省邛崃市油榨乡马岩村是"节能砖与农村节能建筑市场转化"项目示范点之一，同时也是成都市农村土地综合整治项目点，共获得总建设费用约 4738 万元，其中节能砖项目补助约 18.70 万元，成都市墙改基金补助 240 万元，邛崃市本级墙改基金预先补助 21

万元,全部用作建筑节能增量工程费用。邛崃市原国土资源局的土地整理费用约 2 600 万元全部用于青苗补助、拆迁赔偿、过渡费以及道路修建、水电气外管线建设、除节能建筑外的全部房屋建设工程费用。马岩村村民自筹约 1 858 万元全部用于补充除建筑节能增量工程外的房屋建设工程、水电气入户安装费用等。最终,共有 100 多户农民通过土地增减挂钩实现了集中居住,房子采用新型自保温节能砖建设,加上节能中空塑钢窗、屋面保温等,与农民原来用实心砖盖的房子相比,可以节省一半的能耗。新建小区地面还进行了透水处理,回收雨水既可以用于绿化灌溉,又能用来冲洗厕所;路灯照明则采用太阳能发电,整个建筑综合节能效果达到 50% 以上。入住新居村民享受到了节能建筑带来的全新生活。

河北省正定县塔元庄村属于城郊村,与石家庄市仅一河之隔。优越的地理位置使得这里的土地有了不断增值的空间。土地置换也就成了村庄建设资金的一个重要来源。除此之外,工商资本的介入也成为村庄开发的重要支撑。同时,塔元庄还是河北省美丽乡村省级重点村,省市县都有配套资金,这些都成为塔元庄村的建设发展的助力。土地置换、工商资本介入开发以及美丽乡村、节能砖等各种项目成为塔元庄村节能新民居建设主要的资金来源,而这一发展路径下腾挪出来的土地又为村集体提供了稳定的收入。

甘肃省在省墙改基金中拨付了 100 万元作为节能砖补贴,榆中县还规定凡有农户在建设农宅过程中采用了节能设施的,县房管局每户补助 2 500 元。对于青城镇的改建,节能砖项目提供 1.5 万美元资助,兰州市文化局补助 500 万元,兰州市旅游局补助 1 000 万元,县政府补助 1 000 万元,农户自筹 800 万元。相关企业也得到了一定资助。2011 年,甘肃云山砖厂被确定为节能砖项目推广企业,获得了 10 万美元资助,用于购买新的制砖机。尽管 10 万美元对于一个砖厂来说并不多,但是却意义重大。通过节能砖项目,砖厂管理者转变了思路,开阔了眼界,提升了意识,这才有了云山砖厂后来的成功转型和突破。2013 年,在甘肃省皋兰县节能砖项目推广过程中,考虑到方孔节能砖破损率稍高,项目组给施工工程队补贴 0.03 元/块,砖厂补贴 0.04 元/块,农民补贴 0.13 元/块,还有 20 多户因为拉砖距离远又多补贴了 0.13 元/块,这对于本身收入不高的农民来说还是有一定吸引力的。为了能将补贴款落实到位,项目组通过"一卡通"直接补给农民,农民跟砖厂签订合同,项目组按照砖厂的发货单把钱打给农民,保证补贴款能确实发到农民手上。

2016 年,重庆巨康环保建材有限公司成为节能砖项目的推广企业。该企业 2014 年开始投产,全部生产节能砖,生产原料之一就是城市污泥。市污水厂非常欢迎利用污泥制造节能砖,由于企业的处理成本较高,政府提供一定补助,也增加了制砖企业的积极性。

4.6 以点带面，充分发挥村民民主决策和农业系统在农村的工作优势

农村环境是个立体的系统，涵盖了农村生产生活的方方面面，如沼气、农业清洁生产、生产废弃物的处理、农民生活建房、用煤等，而农村节能建筑是农村环境保护有机整体里不可或缺的一部分。通过节能砖推广，可以更好地推动农村节能减排工作。

四川省邛崃市油榨乡马岩村舒适的节能居住条件，使其成为示范村。而在此次节能砖使用过程中，村民民主决策发挥了重要作用。如前所述，马岩村总建设费用约4738万元，钱如何使用，用什么材料建房，怎么建，显然对于每一户建房农户来说都是大事。为了保障资金安全，尽管项目资金都不经过村账户，但整个实施过程都经历了村民民主决策，接受村委"五瓣梅花章"的监督监管。村民第一次投票30%同意，第二次达到50%，最后绝大部分人都同意了。

而新疆伊犁在节能砖项目推广过程中的一个经验就是，充分发挥农业系统在农村工作中的优势。节能砖项目在新疆实施以来，截至2015年伊犁农环站（农村能源环境工作站）积极争取到了3个项目点，总共45户。然而，节能砖推广仍经历了从一个农民都不接受到大家极力赞赏的过程，这些都离不开农环站工作人员细致周到的工作。他们充分利用了农业系统与乡镇政府的密切联系，通过原市农业局牵线搭桥，与各项目点、基层政府建立了良好的沟通协作机制。农环站本身就是负责农村节能环保的职能部门，也特别关注节能砖项目，并将节能砖项目作为重点工作进行推进。项目结束时，经专家检测45户农房的节能率达到55%～60%。

第四章

中国乡镇企业节能与温室气体减排项目

中国乡镇企业节能与温室气体减排项目（以下简称"节能减排项目"），由我国政府同联合国开发计划署、联合国工业发展组织共同开发，联合国开发计划署作为项目指定机构，联合国工业发展组织和原农业部共同作为实施机构，原农业部科技教育司、乡镇企业局负责项目的具体组织实施。

该项目于 2000 年 11 月获得全球环境基金资助，于 2001 年 2 月启动，2007 年年底结束。该项目在实施期内共获得全球环境基金援助资金 799.2 万美元，获得我国各级政府、金融系统、受益企业融资 5 121.0 万美元。该项目旨在帮助中国制砖、水泥、铸造以及炼焦四个产业的乡镇企业扩大使用高效节能技术的规模，减少温室气体排放。

1　项目概述

1.1　立项背景

我国乡镇企业最早兴办于 20 世纪 50 年代，目的是通过多元化和工业化促进农村经济发展。20 世纪 80 年代，乡镇企业已成为我国经济的重要组成部分。据统计，2004年我国 2 213 万个乡镇企业的产值已占全国 GDP 的 30.6%，并创造了 13 866 万个就业机会。然而，我国乡镇企业的快速发展在有效缓解农村剩余劳动力就业压力的同时，也面临着新的问题和挑战，其中较为突出的是能源利用效率低下、能源资源浪费严重和严重的环境污染。由于缺少资金、管理和技术水平低、缺乏相应的政策支持，许多乡镇企业难以采用新的节能环保技术来提高能源使用效率。这大大限制了乡镇企业的持续发展，同时也产生了严重的地区性和全球性环境问题。

在项目立项前的 20 多年中，制砖、水泥、炼焦和铸造四个产业的乡镇企业的产量占这四个产业全国总产量的一半以上，对我国国民经济的发展起到了重要作用。四个产业的乡镇企业主要提供低成本和低技术的基础产品，吸收了大量农村劳动力，保证了产品的大量供应，提高了当地居民生活水平，增加了地方政府财政收入。但这些乡镇企业的低端生产导致的环境污染也相当严重。仅上述四个产业的乡镇企业排放的 CO_2 就占全国 CO_2 总排放量的 1/6，能源消耗要比采用先进技术的国有企业高出 30%～60%。此外，低质量的产品也降低了产品使用过程中的能源效率，如使用保温性能差的劣质建材导致建筑内的热量散失。同时，这四个产业的乡镇企业也是水污染、大气污染"大户"，严重危害劳动者和当地居民的身体健康。

中国政府在注重经济发展的同时，也十分重视乡镇企业的节能生产和污染控制工作。1994 年，农业部与联合国开发计划署合作开发了全球环境基金"中国乡镇企业节能与温室气体减排"援助项目，并于 1995 年年初得到批准。项目涉及上述四个中国乡镇高耗能和高污染行业的节能增效和温室气体减排活动，分两期实施。项目一期于 1997 年年底正式启动，实施期为 12 个月，主要是对上述四个高耗能和高污染行业开展调查，为二期节能项目的节能示范工程进行工艺选择和工程设计，并对温室气体减排的增量成本进行分析，同时开展相应的农村能源和乡镇企业节能服务机构能力建设，进行了一系列乡镇企业能源审计和培训活动。一期项目的产出成果为二期项目提供了实施方案及项目概要文件。

二期项目于 2001 年启动，旨在克服一期项目发现的乡镇企业面临的政策、技术、市场和融资四大障碍。长期目标是运用市场机制，推动我国乡镇企业运用先进技术提高能源利用效率，从而达到保护地区环境和减少全球温室气体排放的效果。

1.2 项目拟解决的问题与障碍

通过实施一期项目发现，制砖、水泥、炼焦和铸造四个产业的乡镇企业在实施节能减排技术过程中，存在着政策、技术、市场和融资四个主要障碍。

（1）政策障碍

在此之前国家制定的相关产业政策，未能覆盖乡镇企业，项目设计时颁布的法律法规虽适用于乡镇企业，但缺少具体实施细则和规范标准，限制了乡镇企业的参与。同时，地方政府在实施国家用于乡镇企业的相关法律法规时也缺乏力度，导致了这种政策障碍的存在。

（2）技术障碍

乡镇企业缺少接触新技术和进行以市场为导向的技术转让的机会、技术更新意识较低，企业管理者缺少了解技术更新和能效提高对企业发展作用的渠道，导致在乡镇企业层面存在很大的技术推广应用障碍。同时，个别已决定更新技术的企业未充分考虑生产现状，导致设备配套性差，总体性能低于标准水平；企业员工缺乏培训不能正确操作、维护设备，致使设备应用效果不尽如人意，产品质量较低。

（3）市场障碍

技术更新后的节能产品面临着较大的市场障碍：1）消费者单纯追求低价，即使从长远来看一些节能产品能节省费用或有其他好处，企业也不愿意购买价格较高但性能优于一般产品的节能产品；2）乡镇企业缺乏进行节能投资和生产节能产品的积极性，也缺乏市场营销策略与销售网络；3）地方政府缺乏鼓励企业提高产品质量的措施；4）市场缺乏竞争性，地方保护主义严重。

（4）融资障碍

乡镇企业融资障碍：1）难以从商业银行获得贷款。一方面，乡镇企业缺乏合理的资产评估和足够的有价担保，达不到放贷资格审核要求；另一方面，银行也缺乏向乡镇企业放贷的经验。2）企业管理者不愿意贷款。乡镇企业缺少制订投资计划和进行项目监控的人才，也不愿进行不能立刻带来利润或增加就业机会的投资。3）农村居民的收入特点及特有的消费习惯导致其选择产品标准低。农民购物往往完全依靠个人收入和存款，不考虑银行借贷等，有限的资金降低了农民对产品质量的要求，限制了他们购买优质建材的能力。

1.3　项目目标

二期项目旨在通过机制创新与技术示范，消除制砖、水泥、铸造与炼焦四个产业在生产、销售及应用高效节能技术与产品的过程中面临的主要障碍——市场障碍、政策障碍、技术障碍及融资障碍，帮助我国制砖、水泥、铸造以及炼焦四类乡镇企业积极应用高效节能技术，减少温室气体排放，最终实现在我国的乡镇企业中广泛推广应用高效节能技术，从而达到环境改善和温室气体减排的效果。

具体措施一是通过项目实施，建立一种新的具有持续发展能力的运行机制或行动路线，长期、广泛地在乡镇企业中推广节能技术；二是在项目执行过程中，通过支持一些新的政策、技术、市场服务和融资机构，使示范企业能够得到高质量和持续有效的全方位服务，从而克服政策障碍、技术障碍、市场障碍和融资障碍；三是希望这些新建机构，有能力在项目结束后继续在我国乡镇企业中推广节能和温室气体减排技术，并将项目中各示范企业的成功案例推广到相关行业的其他企业。

1.4 项目设计成果

按照项目设计，在实施周期内项目与中国政府制定的一系列措施相互配合，在选定的八个试点县内消除四个产业在市场、政策、技术及融资四方面的主要障碍，实现市场转轨。通过项目提高国家对乡镇企业清洁发展的管理能力，并在全国范围内推广消除障碍的成功经验，使用于乡镇企业技术改造和节能减排的商业性投资实现大幅可持续增长。

项目设计预期成果具体如下。

（1）创建国家级、县级或企业级障碍消除机构及机制。

（2）建立激励和监测体系，加强现有法规在县级层面的实施力度，加强现有体制改革，在八个试点县中消除政策障碍。

（3）为乡镇企业提高能效和产品质量提供技术支持，消除技术障碍。

（4）在四个产业的乡镇企业中开展节能减排项目，创造商业融资途径，实现乡镇企业节能项目融资商业化，消除融资障碍。

（5）在四个产业的乡镇企业中开展节能减排技术示范与推广。

1.5 主要利益相关方

国家和地方政府、相关行业协会、融资机构和国际组织等多个利益相关方参与了节能减排项目（表4-1）。

表 4-1 节能减排项目主要利益相关方

利益相关方	项目中角色
联合国开发计划署	项目指导委员会成员单位项目指定机构，代表全球环境基金监督项目的实施
联合国工业发展组织	项目指导委员会成员单位项目实施单位，与原农业部共同负责项目的实施
原农业部（现农业农村部）	项目指导委员会成员单位项目实施单位，负责与中央、地方政府及其他机构的沟通协调；负责项目进度掌控、产出质量把关、试点和能力建设等
财政部	项目指导委员会成员单位，通过项目指导委员会指导项目实施
原国家发展计划委员会（现国家发展改革委）	项目指导委员会成员单位，推动实施乡镇企业节能减排可持续发展战略政策
原国家经济贸易委员会（现商务部）	项目指导委员会成员单位，推动实施乡镇企业节能减排宏观管理政策
科技部	项目指导委员会成员单位，负责科技政策咨询与把关

续表

利益相关方	项目中角色
原国家环保局（现生态环境部）	项目指导委员会成员单位，负责环保政策咨询与把关
中国农业银行	项目融资支持机构
地方政府	参与地方子项目实施过程的监管与指导，项目将推动其能力建设，增强其组织和实施应用能力
地方乡镇企业	项目参与主体，主要受益方，项目将通过培训和知识共享活动增强其节能减排方面的能力

1.6　项目实施区域

项目选择江苏、陕西、四川、山西、浙江、广东、湖北、辽宁 8 个省份开展 4 个产业的乡镇企业示范工程建设，并在全国进行节能减排先进经验与成果推广。

2　管理与实施方式

2.1　项目组织与管理安排

原农业部科技教育司组建了项目管理办公室（PMO）。聘请项目总技术顾问（CTA）支持项目管理办公室（简称"项目办"）和项目办主任的工作。

成立国家政策指导委员会（PIC）：由原农业部、财政部、原国家发展计划委员会、原国家经济贸易委员会、科技部、原国家环保局等政府部门的有关代表，以及中国农业银行等有关企事业单位代表组成，接受政府授权，在全国实施市场转轨措施。

成立地方政策指导委员会（LPIC）：负责监督市场转轨，与国家政策指导委员会密切合作。

成立生产技术与产品市场化联合体（PTPMC）：项目帮助此联合体实现可持续的商业化运作，为联合体及其成员提供服务，帮助 8 个试点县及其他地区克服市场、政策及技术障碍。联合体由小型秘书处管理，秘书处帮助其成员通过竞争向试点乡镇企业及其他有关单位提供服务。

成立滚动基金（RCF）：在中国农业银行内部成立滚动基金。该基金是中国农业银行为促进乡镇企业节能项目成立的专门金融机构，旨在向有意为达到高效节能目的的改进生产技术、提高产品质量的乡镇企业提供资金。

短期聘请国际专家参与项目实施，支持生产技术与产品市场化联合体及其成员。项目组织及管理安排如图4-1所示。

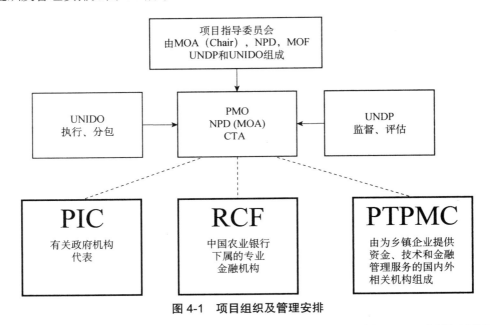

图 4-1　项目组织及管理安排

注：MOA-原农业部；NPD-国家项目办主任；MOF-财政部；UNDP-联合国开发计划署；UNIDO-联合国工业发展组织 PMO-项目管理办公室；CTA-总技术顾问；PTPMC-生产技术与产品市场化联合体；PIC-国家政策指导委员会 RCF-滚动基金

2.2　项目实施期间的调整

为实现项目目标，节能减排项目根据国内发展情况和政策环境实际情况，对项目原设计方案进行了调整。具体调整内容包括以下几点。

（1）滚动基金（RCF）

2002 年年底召开的三方评审会议通过了将滚动基金从"基金"调整为"机制"的提案。2003 年 10 月，联合国开发计划署、联合国工业发展组织、农业部和中国农业银行签订了四方谅解备忘录，同意建立修正的滚动基金融资机制，资金由委托贷款（全球环境基金拨款 100 万美元）、商业贷款（中国农业银行出资 200 万美元）和能力建设基金（农业部出资 100 万美元）三部分组成。其中，委托贷款由弘远公司管理，商业贷款通过中国农业银行地方支行发放。

建立滚动基金融资机制，旨在开拓必要且具体的融资渠道，以支持项目涉及的四个目标产业节能减排工作的开展。同时，项目实施促使中国的银行系统为提高自身的商业竞争力，向乡镇企业提供商业贷款的态度越来越积极。在滚动基金融资机制下，虽然委托贷款金额不会增加，但乡镇企业可以更便利且不受限地从中国农业银行及其他银行系统申请商业贷款，乡镇企业的发展也保障了其获取商业贷款的成功率。

（2）生产技术与产品市场化联合体（PTPMC）

受注册非政府组织的有关政策和规定限制，原设计的 PTPMC 模式被新的设计方案取代。2003 年 7 月，弘远公司成立，开始实行商业运作，发挥并取代 PTPMC 的功能。为保证弘远公司在项目实施期内以"干中学"的方式发展自身并实现商业化运作，联合国工业发展组织与弘远公司签订了合同，授权其负责提供与项目实施相关的服务。

（3）示范企业

一期项目（1998 —1999 年）筛选出了 8 家企业实施二期示范项目。由于各种原因（如某些推荐的示范企业财政状况不景气且技术落后、国家工业政策调整及环保政策力度加大等），其中的 5 家企业已经不符合示范企业标准，仅有 3 家成为示范企业。自 2003 年起，依程序又筛选了 6 家示范企业，取代了一期项目推荐的 5 家已不再适合作为示范的企业。尽管新示范企业参与项目时间较晚，但工作高效，仍按时完成了项目任务。

（4）四个产业示范技术

2001 年年底二期项目启动时，中国正在进行国家产业政策调整，这使项目示范技术筛选面对极大挑战。例如，在项目设计阶段选定的"1989 "型炼焦炉和立窑水泥炉已被原国家经济贸易委员会列入应予淘汰的技术目录。项目此前选定的行业技术必须更新调整，因此"清洁型"焦炉和水泥回转窑余热发电技术成果取代了先前选定的技术，项目完成了相应的示范工程建设，效果令人满意。项目中其他原定示范技术也进行了类似的调整。

（5）推广工程建设

乡镇企业的快速发展和国家的优惠政策为项目争取地方政府的积极参与、扩大推广区带来了契机。据此，项目适时调整了与地方政策指导委员会（LPIC）的相关推广计划。新的推广计划选择了两种方式：1）争取更多地方政府及协会加入地方政策指导委员会；2）扩大推广区，从原定 20 个县级推广区扩大到 3 个省级、5 个地级和 3 个县级推广区。项目推广成果已经超出了原定目标。

2.3　项目监督评估

按照管理要求，项目组织了对日常项目活动的跟踪评估，以保障活动产出成果符合项目设计需求；及时组织了第三方评估专家进行项目中期与终期两次评估。

（1）中期评估结论与管理工作调整

2005 年 5 月组织项目中期评估。评估结果充分肯定了项目自启动以来的实施成果，并对项目后续实施工作提出建议：1）开展深入工作总结，加强示范项目档案记录，加强对项目推广实施效果的跟踪评估，全面估算示范项目、正式及非正式的推广项目可能会取得的成果；2）强化弘远公司的持续发展能力建设；3）完善滚动基金（RCF），将 RCF 持续发展计划列入工作日程；4）对项目开展性别平等和社会影响评估；5）加强与其他全球环境基金项目的沟通交流；6）将项目延期至 2006 年年底。

项目管理办迅即吸纳中期评估建议并将其纳入项目日常管理工作中：1）采纳项目延期的建议，制订了 2006 年工作计划，与联合国开发计划署、联合国工业发展组织驻华代表处，以及联合国开发计划署区域协调官交换意见，修改项目年中报告；2）针对中期评估建议，设计了三项工作任务，分别评估项目在消除市场障碍、金融障碍、政策障碍、技术障碍方面的成果和经验效率，并对项目可持续发展（包括弘远公司和滚动基金的发展与后续调整）提出可行建议；3）根据中期评估建议，加强项目信息记录和整理归档，加大项目成果宣传力度，深入讨论弘远公司和滚动基金机制的可持续发展问题；4）进一步加强与其他全球环境基金相关项目，如中国终端能源效率项目、世行节能促进项目等的联系，交流经验、互学互鉴。

（2）终期评估结论与管理工作调整

2007 年 3 月组织项目终期评估。评估结果认为节能减排二期项目正确地选择了所关注的产业，项目设计方案比较完整，项目实施非常成功，取得的成果超出设计预期。项目实施，为项目结束后的成果持续发挥影响奠定了基础。评估也总结了项目管理经验并提出建议：1）项目设计、实施阶段应清楚了解项目实施国的社会经济发展情况，并及时作出调整；2）项目管理方需增强对通用障碍消除手段的理解；3）需要跟踪项目在非项目执行国的推广活动及影响。

3 主要产出与影响

该项目取得了远超出设计目标的成果，得到财政部、联合国开发计划署、联合国工业发展组织，以及国内示范、推广企业的好评。项目应用市场机制，推动了我国乡镇企业采用先进技术，提高了能源利用效率，达到了保护地区环境和减少全球温室气体排放的效果。其中，节能自愿协议机制的成功引入，使企业由被动的行政管理式节能减排，转变为主动的社会责任型节能减排。项目实施期内取得的主要成果及产生影响如下。

3.1　节约标煤 223.6 万 t/年，CO_2 减排 558.9 万 t/年

实施期内，项目在水泥、制砖、铸造、炼焦四个产业共建成了 9 家节能示范企业，带动了 200 多个企业（包括项目直接支持的 118 家推广企业）进行节能技术改造。节能 223.6 万 t 标准煤/年，CO_2 减排 558.9 万 t/年的良好效果，远超项目原设计的 CO_2 减排目标值 8.5 万 t/年。

3.2　成功将节能自愿协议机制引入乡镇企业管理

为探索一种适应高度市场化的乡镇企业节能管理新机制，引导乡镇企业开展节能减排活动，项目借鉴国际和国内执行相关项目的经验，率先将节能自愿协议（节能自愿协议是行业组织或企业在自愿的基础上，以节能和温室气体减排为目的，与政府签订的一种协议）机制引入乡镇企业。至项目结束时，已有 43 家企业与当地政府签署了节能自愿协议，就企业中长期的节能减排活动向政府做出明确承诺，政府根据本地的实际情况在税收、贴息、融资、研发等方面给予优惠。

节能自愿协议机制的成功引入，使企业由被动的行政管理式节能减排转变为主动的社会责任型节能减排，降低了管理成本，提升了企业节能减排积极性和主动性。

3.3　成功示范带动企业节能，建成多个"中国第一家"

项目支持建成了中国第一家五级新型干法水泥纯低温余热发电示范厂，使新型干法水泥企业真正实现能源梯度利用。截至 2007 年项目结束时，该项目累积发电 4 392.0 万 kW·h，节能 1.6 万 t 标煤，CO_2 减排 4.2 万 t。全国已建成和在建的新型干法水泥纯低温余热发电示范厂 90 余家，国家发展改革委也将水泥纯低温余热发电项目作为鼓励发展技术列入国家中长期节能规划中。

项目支持建成了中国第一家清洁型热回收焦炉余热发电厂，使清洁型热回收焦炉这一新型的炼焦技术得以完善。截至 2007 年项目结束，该发电厂累积发电 1.43 亿 kW·h，相当于节约 5.5 万 t 标准煤，CO_2 减排 13.7 万 t。在山西省政府积极引导下，在项目示范促进下，山西省有 30 余家清洁型热回收焦炉积极兴建了配套的余热发电厂。

项目对制砖、铸造示范企业进行了多项节能综合改造，平均节能 15% 以上，获得了企业和当地政府的认可；项目支持建设的机立窑水泥示范企业单位节能水平处于行业领先水平。上述企业节能技术改造的成功，为当时正在中国推进的行业节能技术改造工作

提供了良好的技术示范，在不同地区起到了辐射带动作用。同时，也吸引了周边国家企业的极大关注，来自印度、孟加拉国、越南、澳大利亚、日本等国的企业家陆续访问了项目示范企业，其中孟加拉国还签署了制砖示范技术引进协议。

3.4　培育节能技术与节能产品市场

市场培育体现在两方面。一方面，通过参与项目活动，提高了地方政府官员及企业经营者的节能意识，同时也加深了他们对行业节能技术、节能工艺、节能政策的了解，激发了他们关注和投资节能技术与节能产品的热情；另一方面，企业通过节能技术改造大幅降低了单位产品的能源消费，在提高市场竞争力的同时，也极大地提高了节能技术、节能产品的市场知名度，扩宽了市场空间。

3.5　提高项目实施区政府官员及企业家的环境保护意识

项目实施期间，开展了形式多样、内容丰富的培训，共培训各类人员 1 200 人；开展国际交流 6 次，80 余人参加。这些培训与交流使地方政府官员、企业家环境保护意识得到了提升。一些地方政府官员正在结合国家现行的节能政策积极推动当地的节能环保工作，相当一部分企业家成为当地乡镇企业节能环保带头人，促进了节能环保意识的主流化。

3.6　成功推广项目成果，产生极大全球环境效益

项目在四类产业节能技术改造方面的成果引起了国际社会的关注，并成功在非执行项目国家推广。项目示范企业兴高焦化集团成功应用了清洁型炼焦及回收余热发电技术，项目期间接待了来自澳大利亚、德国、伊朗、日本、乌克兰和美国等国的专家；项目终期评估期间，兴高焦化集团正在与德国一家焦炉设计公司洽谈筹备建立合资企业，并拟将兴高焦化集团采用的示范技术引入巴西一家年产 200 万 t 焦炭的企业。示范企业浙江申河水泥股份有限公司采用的纯低温余热发电技术，被成功推广到了两条土耳其的生产线、三条泰国的生产线和一条美国的生产线。中国制砖设备生产企业生产的经改造的节能砖生产设备在国外的市场前景越来越好，被相继推广到埃及、哈萨克斯坦、马来西亚、蒙古国、乌兹别克斯坦等国。项目还对孟加拉国正在开发申请的全球环境基金制砖行业项目产生了很大影响，对吉尔吉斯斯坦和斯里兰卡的相关项目实施产生了重要影响。

4　实施经验

4.1　坚持以市场为导向，以企业示范带动减排

乡镇企业是高度市场化的经济体，其节能减排工作必须融入企业日常经营活动中，才具有持久、可持续的生命力。因此，项目办对节能途径、节能技术和节能装备的筛选，始终坚持以市场为导向，以实现双效益（经济效益、减排效益）为目标。首先，确立"通过节能实现减排"的运作思路，使企业在降耗增效的同时，实现减排。其次，鼓励引导企业选择具有高性价比的节能技术与节能装备，使企业的节能减排活动成为具有可观回报的投资活动，激发企业开展节能减排的自觉性。以市场为导向，为高度市场化的乡镇企业节能减排提供有益的启发和良好的借鉴。

如山西兴高焦化集团利用无烟煤炼焦技术为冶金和铸造行业提供焦炭，其采用的清洁型热回收焦炉及回收余热发电技术被山西省列为炼焦行业重点推广技术。通过一系列对热回收各技术环节的改进，兴高焦化集团单位焦炭产品所产生的发电量比设计值提高 20%。而且，通过对设计、设备和操作的完善以及对高温蒸汽轮机高温余热的利用，后续建立的清洁型焦化厂单位产品产生的发电量在兴高焦化集团的基础上又提高了 50% 的潜力。按照当地要求，企业自发电必须输出；而生产用电却要购买供电厂的电，购电费用是供电厂购买企业电价的 2.5 倍，这对当地供电市场的发展相当不利。因此，兴高焦化集团同时对炼焦厂发电并网出售的经济效益、技术效益和社会效益做出了示范。尽管他们出售给电厂的价格比市场价低 40%，但其发电所创造的利润仍占全厂总收益的 8%，体现了清洁型热回收焦炉余热发电技术对广大炼焦乡镇企业节能减排技术改造的示范意义。

再如，在项目支持下，浙江申河水泥股份有限公司和天津市水泥设计院克服设计、施工、试验运行中的重重困难，在全世界第一次成功实现回转式水泥窑纯低温余热发电技术，且在发电过程中不补充任何燃料。这种示范技术与节能设备，通过节约电费，2.6 年即可收回全部投资，且运行安全可靠、操作管理简便，同时实现了 CO_2 年减排 4.2 万 t。该技术不但企业容易接受，政府也非常支持。由于项目示范成功，原国家经济贸易委员会迅速跟进，将相关技术升级为行业设计规范，强制要求所有水泥企业采用，极大地提升了包括乡镇企业在内的中国水泥行业节能减排技术水平，产生了巨大的经济效益和全球环境效益。在市场和政府的共同促动下，示范技术不仅迅速在国内同类企业中获得推广应用，而且推广到了其他国家，如土耳其（两条生产线）、泰国（三条生产线）和美国（一条生产线）都在应用该技术。

4.2　发挥地方政府积极性，推动各方广泛参与项目实施

鉴于乡镇企业点多面广，项目实施机构始终注重引导和发挥地方政府参与项目的积极性。一是保持与地方政府的有效沟通，使他们及时了解项目进展，以便地方配合开展项目工作。二是发挥地方政府了解企业情况、善于沟通与协调的优势，在示范企业、推广企业筛选与建设监管等活动中充分尊重地方政府的意见。三是鼓励地方政府把项目的实施与本地区、本部门的工作结合起来，形成良性互动。四是开发激励政策，推动国际交流、高级培训、宣传报道等，为地方政府创造能力提升的机会与空间，使他们成为项目的主人。

如四川新津县乡镇企业局将项目的实施工作纳入该机构的年度工作计划并正式上报县政府，使项目的实施获得县政府多个部门的配合与支持；与此同时，还发挥机构建立的中小企业担保基金的优势，积极帮助示范企业和推广企业拓展融资渠道。天津市津南区对外经济贸易局为配合项目实施，在区中小企业技术改造贷款贴息专项经费中特设"铸造企业节能技改支持专项资金"，不但为项目支持的 7 家铸造推广企业配套了技术改造资金，还借鉴项目的模式，于 2006 年开始将技术改造资金向节能减排技术改造倾斜。继项目的 7 家推广企业建设成功后，又自主地支持了 10 家铸造企业及 20 家其他行业的高耗能企业开展节能减排。

4.3　坚持与时俱进，不断创新机制

项目准备阶段到实施阶段历时较长，其间国家产业政策进行了较大调整，乡镇企业也发生了巨大变化。为保持全球环境基金项目的前瞻性，实现项目的目标，有必要适时调整示范企业的示范技术、机制模式等。

如将原项目设计的滚动基金单一账户模式，调整成根据出资机构的资金管理特点分散账户管理统一使用方向的模式，有效衔接了各机构不同管理模式，增强了滚动基金的灵活性，扩大了企业融资空间。再如，根据行业现状对原来选定的示范企业和示范技术进行了相应调整（焦炭产业乡镇企业由原来的改良焦炭企业的节能改造调整为清洁型热回收焦炭企业的节能改造；水泥产业乡镇企业由原来的单一建机立窑示范企业调整为以建设新型干法回转窑水泥示范企业及相关示范技术为主等），保证了项目的前瞻性，确实发挥了项目的示范引领作用。实施成果及产生的影响证明这些调整使项目的实施在符合国家宏观形势及乡镇企业发展状况的同时，提高了效率。

4.4　实行科学决策，尽力避免失误

项目自始至终采取专家负责制，如示范技术筛选、企业技改方案的确定、行业实施策略调整等技术性工作由专家负责。针对不同行业，项目办聘请权威专家提供长期咨询服务；又根据具体技术问题，适时向行业内不同研究领域、持不同观点的专家进行咨询。如在确定水泥纯低温示范技术时，项目办先后向天津水泥工业设计研究院、成都水泥工业设计研究院、南京水泥工业设计研究院、中国新型建材设计研究院、中国建材工业协会的相关权威专家进行了咨询，通过咨询、研讨、行业调查等方式，广泛征求专家意见，实行民主科学决策，避免失误。

4.5　注重能力建设，发挥长期作用

项目实施期间，依据需要组织各种培训。无论是示范点的活动还是全国活动，培训都是必不可少的内容。每年项目指导委员会年会期间，均安排一天培训，聘请国内外专家介绍与项目实施相关的热点问题及最新国家、行业政策等。还会在各地方政策指导委员会研讨会上，适时穿插一些节能与环境政策讲解以及全球环境基金项目实施思路、策略及要点讲座等。这些培训的开展，不仅使各级政府官员及企业管理者明确了项目实施的策略与途径，而且提高了他们的节能意识和环保意识以及管理与实施项目的能力。这些提升将在今后的节能工作中发挥长期作用。

4.6　各级高度重视，各方密切合作

各级领导高度重视，各方密切真诚合作，是项目成功实施的根本保障。项目实施期间，原农业部、联合国开发计划署和联合国工业发展组织的高层高度重视项目实施工作，始终保持良好的工作沟通与协调，财政部给予了及时、大力的支持与指导。如原农业部主管领导多次指示各有关司局，要抓住机会，好好学习国际经验，把项目做好，真正为解决乡镇企业的环境污染问题寻找好方法、好思路。时值北京暴发"非典"疫情，项目办主任为确定滚动基金账户模式，亲自主持由各大银行专家参加的滚动基金模式研讨会，向专家咨询各种不同模式的可行性，随后又数次召集国内项目相关机构进行研讨。联合国开发计划署和联合国工业发展组织积极响应，在此特殊时期，通过北京—维也纳电视电话会议进行研讨磋商，确定了滚动基金调整的相关事宜，使一度受阻的滚动基金建设快速展开，事实证明滚动基金在其后的示范企业建设中发挥了积极且重要的作用。

第五章

作物野生近缘植物保护与可持续利用项目

作物野生近缘植物是指作物的祖先种或与作物有亲缘关系的物种，它们对提高农业生产力和保证农业可持续发展具有重要意义。为加强中国作物野生近缘植物的可持续利用与发展，中国政府与联合国开发计划署在全球环境基金第三增资期合作开发并实施了"作物野生近缘植保护与可持续利用项目"（以下简称"野生近缘植物项目"）。该项目于2006年12月获得全球环境基金批准，于2007年6月启动，2013年12月结束，项目执行期为6年半。其间，项目共获得全球环境基金援助资金805.6万美元，中国各级政府配套资金3 579.4万美元。

该项目旨在可持续地利用与保护中国的作物野生近缘植物，通过在8个省（自治区）建立可持续的资金渠道和其他激励措施、修改相关法律框架、开展能力建设、提高保护意识等，促进作物野生近缘植物保护在农业生产系统中的主流化，消除保护作物野生近缘植物的主要障碍，从而促进保护与生产的一体化。

联合国开发计划署是此全球环境基金项目的指定机构（原称"项目国际执行机构"）；原农业部是国内项目实施单位，原农业部科技教育司负责项目的具体组织实施。

1 项目概述

1.1 立项背景

几千年来，人类运用作物野生近缘植物的遗传材料改善作物品质与抗性，提高作物产量，收到了良好的效果，如玉米品种的改良，杂交水稻的成功培育等。随着全球环境变化，作物野生近缘植物极有可能因携带能够适应环境变化的基因，更好地适应多样和极端的环境条件。通过调查发现作物野生近缘植物中存在能更好适应全球环境变化的优异种质基因，对培育新品种具有重要的意义和价值。袁隆平发现并利用野生稻培育出杂交水稻等实例，就很好地说明了这一点。

中国生态系统和物种丰富多样，是世界上17个生物多样性大国之一。中国的农业生物多样性更是对全球有着重大意义。中国是世界7大独立的作物起源中心之一，世界上1 200多个作物品种中，中国就有600余种，起源于中国的就达300种。中国中部和东部是许多品种的作物的起源地，作物野生近缘种数量众多、分布广泛。水稻、小麦和大豆是中国乃至全球最重要的三大栽培作物，在中国分布广、面积大、密度高，它们的野生近缘种因为能够适应极端环境，基因储备资源将会越来越有价值。

通过调查发现，中国野生稻一般生长在人口密集的华南地区低洼沼泽地带或丘陵山地，具有耐盐碱、耐贫瘠、耐干旱、抗病虫、优质和高产等优良性状。大豆是起源于中国的重要作物之一，其野生亚属中仅有3个物种在中国被发现。中国野生大豆分布范围非常广，1980年的调查统计显示，中国除台湾、海南和青海外，其他省份都发现有野生大豆分布，特别是东北三省几乎各县和乡镇都有。野生大豆蛋白质丰富、抗病能力强，并能在温度低、太阳辐射强的高海拔地区旺盛生长，其叶形、叶色、籽粒大小及花色的变异类型繁多。中国是小麦的一个重要次生基因中心，中国小麦的野生近缘植物也非常丰富，共有160个野生种或亚种，其中46个是中国特有种。这些作物产生近缘植物多分布于人口稀少的干旱地带，具有对病害、干旱、沙化、盐碱性及低温的抗性和蛋白质含量高、草质佳的特点。然而，水稻、大豆、小麦这3种在中国乃至全球都至关重要的农作物，因受全球气候变化影响，产量正在减少，分布区域也普遍存在物种严重流失、地区经济发展较为落后、农民生活较为贫困、男女不平等现象。受交通等因素影响，分布区域农民受教育程度普遍较低，与外界联络沟通受限，农业生产致富技能缺乏。

威胁作物野生近缘植物的主要因素包括：土地用途变更、农业生产活动、土地过度利用、物种入侵、环境污染、转基因作物的种植、地方政府对短期经济发展措施的青睐，以及相关法律、法规、政策与管理制度不完善等。在此背景下，为实现中国水稻、大豆、小麦等作物野生近缘植物的可持续利用与开发，在全球环境基金支持下，联合国开发计划署与原农业部开发了野生近缘植物项目。

1.2 项目目标

野生近缘植物项目主要目标是在中国8个省（自治区）的农业生产区，将作物野生近缘植物保护与农业生产相结合，使其成为农业生产活动的重要组成部分，最终实现中国作物野生近缘植物保护的可持续发展。

1.3 预期成果

拟通过项目建设完成 5 项预期成果，直接消除对作物野生植物构成威胁的因素及其根源障碍等。其中，2 项成果主要在地方层面实施，2 项成果在国家层面实施，另有 1 项成果主要用于寻求扩大保护途径、促进有效的国家保护体系建设，具体如下。

1) 在 8 个省（自治区）的保护点所在县建立保护作物野生近缘植物的可持续基金或其他激励机制的示范体系，使作物野生近缘植物保护与农业生产相结合并成为其重要组成部分。

2) 建立并完善的支持作物野生近缘植物保护工作的政策、法律与法规体系。

3) 使中央及地方参与者具备足够的能力保护作物野生近缘植物。

4) 国家和省级农业部门能够及时掌握、获取并利用有关作物野生近缘植物境况的准确信息。

5) 总结示范县保护经验，并至少在 50 个县推广。

1.4 主要利益相关方

野生近缘植物项目的实施离不开各层次、各行业各领域相关利益方的参与。野生近缘植物项目主要利益相关方见表 5-1。

表 5-1　野生近缘植物项目主要利益相关方

利益相关方	项目角色
原农业部（现农村农业部）	负责全国除林区野生植物和林区外珍贵野生树木外的其他野生植物的监督管理工作
原国家林业局（现国家林业和草原局）	负责全国林区野生植物和林区外珍贵野生树木的监督管理工作
国家发展改革委	负责安排野生植物保护建设项目国家拨款，参与编制生态建设规划，协调生态建设等重大问题
原国家环保总局（现生态环境部）	负责全国生物多样性和生物资源保护工作；保证项目活动与国家优先策略一致，并做好政府部门协调工作
原国土资源部（现自然资源部）	合作解决影响野生植物栖息地的土地利用问题
科技部	设立研究课题为本项目提供支持
国务院扶贫领导小组办公室	根据其农村工作经验为项目实施提供建议

续表

利益相关方	项目角色
中华全国妇女联合会（简称"全国妇联"）	确保项目充分考虑妇女需求与权益等
地方政府	审查、监督地方项目实施进展，并发挥各自职能为项目在本地区实施提供支持
科研单位和高校	提供技术力量，为项目实施提供技术支持
私营企业和公司	作为项目分包商参与项目实施
项目专家	为项目实施提供全方位技术支持
农村居民	项目最基层实施者和受益者，也是最具潜力的保护者

1.5　项目实施区域

项目区域为新疆、宁夏、黑龙江、吉林、河南、云南、广西和海南8个省（自治区），分别把野生稻、野生大豆和小麦野生近缘植物作为保护物种，选择了新疆维吾尔自治区乌鲁木齐县小麦野生近缘植物保护点、宁夏回族自治区盐池县小麦野生近缘植物保护点、黑龙江省巴彦县野生大豆保护点、吉林省延边州龙井市野生大豆保护点、河南省桐柏县野生大豆保护点、广西壮族自治区昭平县野生稻保护点、云南省景洪县野生稻保护点、海南省文昌市野生稻保护点8个县级示范点开展活动。

自2011年始，项目在示范点工作的基础上，将项目实施范围扩大至15个省［8个原示范省（自治区），以及甘肃、内蒙古、湖北、湖南、安徽、河北和天津7个省（自治区、直辖市）］62个县的64个项目推广点，同时将保护物种扩大到39种。

2　项目管理与实施方式

2.1　项目管理机构设置

根据项目文件，项目作出如下安排，项目管理机构如图5-1所示。

1）任命国家项目主任。原农业部作为国内实施单位任命了一位高级官员作为国家项目主任，代表原农业部对项目实施负责，监督项目目标完成，负责与其他相关政府机构、非政府机构的协调，并确保政府承诺的项目投入及时到位。

2）成立国家项目指导委员会。负责组织协调有关部门，为项目实施和监管提供指导与支持，审查项目实施方案、工作计划、活动成果、时间进度。该委员会由原农业部牵头，财政部、国务院扶贫办、科技部、原国家林业局、原国家环保总局、原国土资源部、全国妇联及项目指导机构——联合国开发计划署驻华代表处9个组织委派代表组成。会议是其主要工作形式。

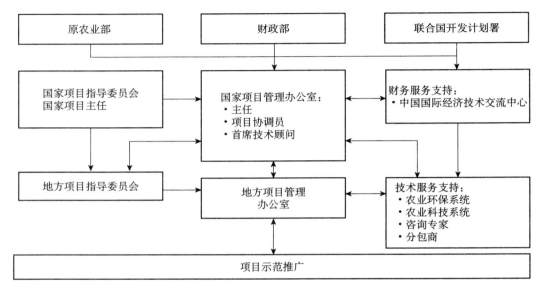

图 5-1　项目管理机构

3）成立国家项目管理办公室。由国家项目主任监管，负责项目日常管理和组织协调，筹备、组织实施项目相关活动，监督项目分包合同及其实施。

4）成立地方项目指导委员会与地方项目管理办公室。地方项目管理办公室负责本地项目日常管理和组织协调，负责与国家项目管理办公室及本地区相关政府部门的日常联络，组织实施项目相关活动，监督本地区项目分包合同实施。地方项目管理指导委员会由地方农业、财政、环保、科技、林业、妇联、扶贫办等相关部门代表组成。地方项目管理办公室设在县农业环境保护站，由该站负责提供运营人员和经费，但具有组织项目实施的独立职能。

5）确定中国国际经济技术交流中心为项目财务管理服务机构。

2.2　项目实施调整

野生近缘植物项目在实施期间，国内社会经济条件发生了巨大变化，自然因素、突发事件对项目实施形成了制约和影响，出现了一些设计期间未预料到的情况。为保证项目正常、顺利实施，在实施期间对项目进行了如下调整。

1）因自然灾害影响，项目实施周期延长半年。项目实施期间，干旱、水灾等突发自然灾害影响了部分保护点激励机制的建设进度。为确保达到项目既定目标，经项目指导委员会同意，联合国开发计划署批准，项目结束时间由原计划的 2013 年 6 月延长至 2013 年 12 月，从而保障受到灾害影响的各保护点能够有条不紊地完成项目既定目标。

2）实事求是，微调各成果预算资金额度。由于中国经济社会的高速发展，实施期间的社会经济环境与项目设计时相比发生了巨大变化，某些原设计内容已不再适用或面临预算不足的问题。为加大对推广点激励机制建设资金投入，推动和强化成功经验的推广，根据实施需求，经项目指导委员会同意，联合国开发计划署批准，在全球环境基金允许"微调"范围内，调整了项目成果的预算额度。

3）整合资源，提高实施效率，避免因国际汇率损失导致项目活动效果不理想。项目实施期间，美元对人民币持续贬值（由 2007 年的 1 美元兑 7.4 元人民币以上，降低到 2013 年的 1 美元兑 6.1 元人民币），导致项目资金实际支持力度与设计方案相比大幅下降。为此，项目及时整合各方资源，提升项目实施能力和实施效果，保障活动产出与效果符合项目设计要求。

2.3　项目资金管理

野生近缘植物项目严格遵循全球环境基金、联合国开发计划署国家管理手册的规定使用赠款资金，同时尽量保证资金支付效率，尽量符合工作进度计划。项目实施期间，资金执行率每年均达到了 85.00% 以上。

在赠款资金分配方面，考虑到项目大部分活动是在地方实施，特在制订工作计划时将项目资金更多地向地方倾斜。项目实施期内，65.58% 的全球环境基金资金用于支持地方开展活动，支持中央层面工作资金仅占 34.42%，真正做到了将资金分配到基层，分配到最需要的地方，同时这些资金也更多地撬动了其他资源支持项目，为项目既定成果的实现提供了资金保障。

2.4　项目监督评估

根据项目文件安排，全球环境基金、联合国开发计划署和国家项目指导委员在实施期内采取提交报告、专家独立评估和三方评审会三种常规模式，对项目实施进行监督、跟踪与评估。报告包括项目季度报告、项目年中报告和项目年终报告；专家独立评估包括中期评估（2011 年 8 月）、终期评估（2013 年 9 月）。同时，每年都会举办项目三方评审会议及项目指导委员会会议，审议评估项目进度与成果。

3 主要成果

野生近缘植物项目自 2007 年 6 月实施以来，以推进生物多样性主流化、作物野生近缘植物可持续保护与利用为基本策略，紧紧围绕资源环境跟踪评估和示范点激励机制建设两个项目核心工作推进，按计划实现了设计的 5 个成果及其相应活动产出。总体来说，项目执行进度合理，圆满实现了项目"与基线年相比，项目保护点上作物野生近缘植物分布面积不减少"，以及"作物野生近缘植物生长的土地没有脱离农业生产"的预期目标。

3.1 建立保护作物野生近缘植物的可持续资金或其他激励机制示范体系

在 8 个省（自治区）的保护点所在县建立了保护作物野生近缘植物的可持续基金或其他激励机制示范体系，并使其与农业生产相结合是项目的目标之一。

一是开发了中国首个"示范点资源、环境及社会经济状况评估方法"和首个"威胁因素指数缩减评估方法"，制定了作物野生近缘植物保护点评介指标体系，确定了项目基线，跟踪监测了保护物种资源环境状态和威胁因素缩减情况。

二是在项目利益相关方的参与下，把"以政策法规为先导，生计替代为核心，资金激励为后盾，增强意识为纽带"作为原则，在 8 个项目示范点设计并实施了符合当地社会和财政状况的激励机制，包括政策、生计替代及资金激励等手段。各示范点均在县级层面制定并发布了有关作物野生近缘植物保护的政策，修订了乡规民约；共举办了 66 期替代生计培训，培训人数达 8 727 人次，其中培训妇女人数达 4 321 人次，大大地加强了农民保护意识，发展了替代生计；尝试推进惠益分享机制，确保农民获得公平公正的惠益分享；通过项目支持，撬动地方政府配套投入，建设了可持续的激励机制，在全面消除威胁作物野生近缘植物的主要因素的同时，提高了农民的生产生活水平，使当地农民成为作物野生近缘植物保护的积极参与者。

三是编写了《激励机制在中国作物野生近缘植物保护中的实践》一书，及时总结项目激励机制建设的经验，探讨在中国作物野生近缘植物保护项目中进行激励机制设计的理论与方法，推动项目成果推广与传播。

3.2 建立政策和法律法规体系，支持野生近缘植物保护

一是第一次从农业生物多样性保护的角度，系统梳理并深入研究了我国各级政府（包括国家、部委、省、市、县、乡）发布的有关农业各领域（主要包括种植业、畜牧业、草

原、海洋水渔业、淡水渔业以及乡镇企业六个子行业）的法律法规和政策，并对其在生物多样性，特别是农业生物多样性方面的影响进行了评估，提出了加强法规、政策建设的建议，编写了《中国农业生物多样性法律法规和政策研究》。

二是支持制定与农业野生植物保护相关的法律法规、政策和技术标准规程等，推进了中国农业野生植物原生境保护点管理工作的科学化、程序化与法制化，基本消除了作物野生近缘植物保护的法律法规和政策障碍。其中，支持了《外来入侵物种管理办法》重要的附件——《国家重点管理外来入侵物种名录》、《农业野生植物原生境保护点管理技术规范》（农业部令第 21 号）、《农业野生植物原生境保护点监测预警技术规程》（NYT 2216—2012）、《农业野生植物行政审批工作规范》的编制或颁布实施；支持 5 个省（自治区）（黑龙江、吉林、湖北、宁夏、新疆）制定了与农业生物多样性保护相关的6 个省级管理办法；推动安徽、吉林两省将野生植物保护、生物多样性保护纳入省级"十二五"规划，帮助湖南省、甘肃省、天津市制定了《生物多样性战略与行动计划》，促使广西壮族自治区将农业野生植物资源管理列入立法计划。

可以预期，在项目成果持续影响及示范、推广省份的带动下，国家、地方层面与生物多样性相关的法律、法规、制度和政策体系将逐步得到完善。

3.3 提升中央及地方参与作物野生近缘植物的保护意愿与能力

所有项目点所在的省级、县级政府都成立了可持续保护机构，这些机构通过举办培训会、研讨会、国际经验交流会、出国考察交流等多种形式对中央和地方保护管理人员、农技推广人员及相关技术人员开展了保护措施培训，使其有能力向农民提供技术服务，使生产与保护作物野生近缘植物相结合。项目还通过建立农民田间学校等方式，在进行技术培训的同时提高农民的知识储备和保护意识，全面增强了从中央到地方直至农民的保护能力。其间，编辑出版了中国首套农业生物多样性培训教材《农业野生植物保护与可持续利用》《农业生物多样性——人类生存与发展的源泉》，满足基层管理人员、科技人员和村民等不同人群的培训需求先后组织 6 126 名村级管理者接受培训；在项目示范点、推广点建立农民田间学校，共举办培训班 375 期，参与培训农民近 32 000 人次。

3.4 加强基础能力建设，提高农业管理部门准确及时获取信息的能力

一是借助"中国基因资源信息系统"（CGRIS）的设施、技术，建设了从国家级、省级到县级的数字化、信息化、智能化作物野生近缘植物监测预警体系，并与 CGRIS

兼容并联，该体系具有信息查看、更新、检索，突发事件预警，统计，分析等功能。加强了县级农业部门收集数据、监控野生物种数量的能力，初步具备为中央和地方政府主管部门决策提供信息、为制定优先保护方案提供依据的能力。项目实施期内，该预警体系已在全球环境基金淮河源生物多样性保护项目中应用，取得了良好的示范与推广效果。

二是制定作物野生近缘植物基线调查方法和威胁因素缩减评估方法，每年开展跟踪调查和威胁因素缩减评估，定量评估项目保护效果。评估结果表明各项目点均实现了缩减威胁因素80%的项目目标。完成了项目目标物种（野生大豆、野生稻和野生小麦近缘野生植物）的优异种质检测鉴定，筛选了目标物种的优异种质资源材料，发现了如耐寒野生稻、高质量野生大豆及耐旱野生小麦近缘植物等一批优异基因材料，为未来建立获取与惠益分享机制奠定了基础。

3.5　及时总结、推广示范经验，显著提升公众保护意识

一是梳理总结了8省示范点实施经验，并在15省62县的64个点进行推广与建设，对省、县、乡、村四级相关人员开展政策激励、替代生计、保护知识等培训，保护物种也扩大到39类。推广效果取得明显实效，推广点的村民收入平均提高20%。

二是有效宣传野生近缘植物保护以及项目成果，受众涵盖政府管理人员、科技人员及广大普通公众，使广大范围人群的保护意识、保护知识及保护能力得到提升。项目通过建设网站、编制工作简报、宣传册、挂历、电视宣传片和科普片等宣传材料、组织培训、交流及多媒体等方式，在15个省的62个县成功推广项目成果，取得了良好效果。项目实施期间，针对8个示范点分别制作了电视广告片，并在地方电台滚动播放；与中央电视台合作制作了3集作物野生近缘植物保护的系列宣传片《良种之战》，相继在CCTV-4、CCTV-9、CCTV-10等多个频道播放；出版《宁夏主要农业野生植物》《广西野生稻考察收集与保护》《中国法律法规和政策对农业生物多样性的影响评估》《激励机制在中国作物野生近缘植物保护中的实践》等书籍。

4　实施经验

4.1　及时制定相应政策及管理工具，为项目有力推进提供保障

制定相关政策及管理工具，是推进项目工作的强有力保证。如吉林省龙井市政府为

了更好地保护龙井市丰富的野生大豆资源，在 2010 年 11 月初制定出台《关于加强农业野生植物保护工作的通知》《作物野生近缘植物保护与可持续利用项目吉林省龙井市野生大豆保护示范点管理办法》，完成了吉林省龙井市项目点乡规民约和村规民约的修订，增加有关保护作物野生近缘植物（野生大豆）的内容；修改出台了《吉林省龙井市保护点延边黄牛养殖协会章程》，提议将特别条款"保护生态环境，爱护农作物近缘野生植物，使农民提高保护野生大豆重要性的知识，不随意采摘、破坏；禁止非法交易，坚决制止破坏行为的发生"写入协会章程，并通过全体会员讨论确定。

4.2 积极发展生计替代，扩大农民就业

当地农民已经习惯了传统耕作方式。他们担心加强野生近缘种保护后，将不能在自有土地上正常耕作，会影响家庭收入与生活。项目在了解情况后，积极采取措施帮助农民发展生计替代，扩大农民就业，大大提高了农户经济收入，从根本上解决了农民生计与保护的矛盾。

如项目在中国野生大豆资源最为丰富的地区之一黑龙江省巴彦县设立示范点，在不影响野生大豆正常生长情况下，引进了优良的杞柳新品种，替换商品价值不高的老品种，逐步实现杞柳品种更新。在野生大豆生长较少的土地上，试种市场前景较好的蓝靛果，充分利用空闲土地发展生产。利用政府配套资金，修建项目村至县城的乡间道路共 8.13 km，改善交通条件。同时，开展三期与生计替代技术、农民就业指导相关的培训，以促进项目活动实施，提高民众意识与能力，扩大农民就业范围。截至 2012 年，巴彦县野生大豆示范点人均收入有了较大提高，比基线年增加 2 700 元，增长 71%。同时，参加培训使妇女外出打工的收入明显提高。

4.3 开展资金激励机制，鼓励农民发展替代生计

为帮助当地农民更好的发展替代生计，项目在实施过程中，积极建立并实施创新性的激励机制与政策，协调鼓励相关方积极参与。

如广西壮族自治区昭平示范点所在县与当地金融机构合作，采取小额信贷贴息方式，鼓励农民贷款发展生物多样性友好型生产。当地农业局成立了项目激励机制小额信贷贴息监管审批小组，并将项目贴息贷款实施方案和小额信贷贴息申请表发放至示范点村委会，与县农村信用合作社协商好贷款贴息相关事项及贴息流程。村民提出贷款申请，由示范点所在乡农村合作银行审核合格后即可逐步发放所贷款项。

4.4 注重能力建设，加大宣传，提高群众保护意识

在项目实施过程中，非常重视提高各级参与单位，尤其是提高项目点农民的保护意识和保护能力，为此采用了多种方式开展宣传和培训。

如海南省文昌市示范点举办技术讲座 3 期，田间现场培训指导 12 次，发放各类技术资料 1 000 多份，受训农民 416 人次。通过培训，提高了示范点农民的生产技能，特别是冬种瓜菜生产技术；同时带动了项目村周边农户的农业生产积极性。各项目点也通过采取新闻媒体播报、张贴标语横幅、举办技术培训班等方式，大力宣传作物野生近缘植物保护的必要性和重要意义。如文昌市电视台大力宣传《关于切实加强野生稻保护点建设工作的通知》等文件精神，发动公众自觉参与保护工作。项目还针对各项目示范点分别制作电视宣传片在 8 个示范县的地方电视台滚动播放；乡规民约和村规民约做到制度上墙，扩大展示范围、提高亲和度，多种宣传方式、手段结合有力地推动了保护工作的开展。

4.5 整合各方资源，建立长效监管机制，遏制破坏行为

项目实施期间，各示范点都成立了野生近缘植物保护及可持续利用预警机制办公室（简称"预警办公室"），同时整合各方资源，形成了省、市县、乡镇和村四级野生植物保护管理监测体系，遏制了破坏野生植物保护点的行为，对保护野生植物具有重大意义。

如河南省桐柏县野生大豆示范点，在县政府办公综合楼专门腾出两间房屋作为预警办公室，配备了预警机制所需的设备，安排专门工作人员管理、操作设备，收集、处理、管理示范点野生大豆保护相关信息，按时录入、更新、上报数据。省、市县两级机构，能够运用系统及时更新的数据作为决策参考。项目结束后，示范点仍通过多方协调继续运行和维护监测预警系统，确保野生植物保护预警工作持续开展。野生近缘植物项目成果产生了持续影响，省级管理部门也给予持续支持与关注。项目结束后，河南省认真总结项目建设经验与不足，积极组织协调各级政府部门，从政策、资金、项目申报等方面加大野生植物保护工作力度。原省农业厅野生植物保护工作领导小组、原省农村能源环境保护总站，也继续加大对该项目示范点监管力度，采取定点检查与不定期抽查相结合等方式，确保项目点激励机制建设设施和设备持续正常运行。为了充分发挥已建保护点的管护示范效应，河南省把项目点居民幸福感放在第一位，继续加大资金投入，持续提高项目点的经济发展水平，不断提升项目点居民幸福感，使农业物种保护效果可持续。

第六章

淮河源生物多样性保护与可持续利用项目

淮河源生物多样性保护与可持续利用项目（以下简称"淮河源项目"），是由中国地方政府——河南省信阳市政府主导实施的一个全球环境基金项目，联合国开发计划署是其项目指定机构。淮河源项目于 2009 年 1 月获得全球环境基金批准，2009 年 6 月启动，截至 2013 年 6 月结束，执行期 4 年。其间，共获得全球环境基金资助基金 272.72 万美元，信阳市政府的实物及现金融资共计 1 915.78 万美元。

项目旨在实施地（淮河源）将生物多样性保护纳入重点生态功能区的管理，并制定适宜地方的管理制度，在生态系统功能保护与生物多样性保护之间建立互补机制，促进生物多样性保护与可持续利用在重要景观管理中的主流化。

1 项目概述

1.1 立项背景

淮河源所在的大别山区已被《中国生物多样性保护战略与行动计划》（2011—2030 年）列为中国陆地生物多样性保护的优先区域，也是《全国生态功能区划》确定的重点生态功能区。保护该地区生物多样性、维持其主要生态功能可使中国南北过渡地带特有分布的许多物种得以保存，避免灭绝和生存威胁，特别是其南北气候过渡带的特殊生境可为候鸟冬春迁徙提供适宜的栖息环境。

近年来，淮河源生物多样性面临一系列威胁，其中许多威胁因素在中国广泛存在，如对自然资源的不可持续性利用和野生动植物栖息地的破坏；采矿、农业生产过程中过度施用化肥和杀虫剂、基础设施建设等都对淮河源生物多样性产生严重威胁。而且，地方制定的土地利用规划以及管理制度都没有充分考虑淮河源的重要生态功能和生物多样性的价值，在实施过程中也缺少相应的激励机制鼓励地方选择对生物多样性友好的、有利于生态功能保护的生产方法。当地扶贫工作与其他项目实施也很少考虑与生物多样性和生态系统功能有关的制约因素和发展机会。

综上所述，为加强淮河源生物多样性保护，将其纳入国家重点生态功能区管理并在全国起到良好的管理示范效果，在财政部、原环境保护部支持下，河南省信阳市政府与联合国开发计划署合作在"中国生物多样性伙伴关系与行动框架"下申请了全球环境基金淮河项目。

1.2　项目目标

项目总目标是在国家重点生态功能区示范行之有效的生物多样性主流化机制；总目标通过以下四个具体目标来实现。

1）遏制改变土地用途导致栖息地丧失的趋势，在重点保护区域内完善土地利用规划：至少 32 000 hm^2 森林、32 000 hm^2 农业用地按照生物多样性友好指南或激励方案管理。

2）在"基于生物多样性友好的市级或县级五年土地利用规划"中，提出加强 10 个已有保护区和 5 个森林公园之间的连通性，至少涵盖 8 万 hm^2。

3）形成一个由多部门组成的激励机制构架，以适应生物多样性丰富的重点生态功能区管理需要，省级、市级、县级层面相关内容也应包含在内。

4）淮河源每年与经济开发相关的扶贫资金，至少 25%依据是否避免了对生物多样性和其他生态系统功能的破坏拨款。

1.3　预期成果

成果 1：将生物多样性和生态功能保护纳入淮河源地区土地利用规划、生物多样性监测。
成果 2：使生物多样性和生态功能保护在关键生产部门主流化。
成果 3：让生物多样性和生态功能保护在扶贫战略、扶贫项目中成为常用的主流化因素。
成果 4：总结和宣传项目经验教训，促进全国国家重点生态功能区的管理。

1.4　主要利益相关方

项目的主要利益相关方包括环保、林业、农业、国土、旅游、财政、发展改革委、水利和扶贫等国家、省和地方政府主管部门，国际机构以及当地社区和非政府组织等。其中，地方主要利益相关方在项目的实施中发挥了重要作用，项目地方主要利益相关方见表6-1。

表 6-1　项目地方主要利益相关方

利益相关方	项目中的角色
原信阳市环保局（现信阳市生态环境局）	贯彻国家环保法规、政策的政府职能部门；代表市政府负责项目具体实施，保护淮河源的生物多样性和生态系统功能
原信阳市林业局（现信阳市林业和茶产业局）	贯彻国家林业与生态建设法规、政策，保护野生动植物与湿地资源；在项目实施过程中，将生物多样性保护纳入日常管理，为淮河源生物多样性保护提供支持
原信阳市农业局（现信阳市农业农村局）	贯彻国家农业法规、政策，指导农村经济发展，监督管理农作物种子、化肥、农药的政府职能部门，组织专家对《国家重点保护农业野生植物要略》所涉及的农业野生植物进行调查，实施中药资源调查，制定中药发展规划，开展农业外来有害物种入侵防治工作
原信阳市国土资源局（现信阳市自然资源和规划局）	推动生物多样性保护在当地土地利用规划中的主流化
信阳市扶贫开发办公室	推动生物多样性保护在扶贫工作中的主流化
原信阳市旅游局（现信阳市文化广电和旅游局）	强化生态旅游意识，在旅游业发展过程中加强生物多样性保护与资源可持续利用
信阳市水利局	贯彻国家与水资源使用和保护相关的政策、法规的政府职能部门，负责水资源使用、水利工程建设和水生生物保护。在项目涉及淮河源生物多样性、水生态系统功能等时提供支持做好协调工作
信阳市妇女联合会	通过参加项目领导小组会议，确保项目在实施期间充分考虑到老人和妇女的需求和利益等
河南菁华生物工程有限公司	主营苗木花卉、蔬菜等植物种源组培、选育和经营，负责生物农药、有机肥料、园林机具的供给，以及园林工程和生物技术培训与新技术推广等。在本项目中，参与项目相关活动，以实物形式投资50万美元

1.5　实施区域概况

项目实施区域位于中国中原地区、河南省境内，总面积为211.09万 hm^2，主要包括河南省信阳市光山县、新县等10个县（区）和南阳市桐柏县。其中，信阳市10个县区占示范区总面积的90%，因此，信阳市政府在淮河源区域的管理上扮演重要行政角色，起着关键作用。项目实施期间，活动主要集中在信阳市新县、商城县、光山县、罗山县、浉河区5个示范县（区），选择了11个示范点开展项目活动。如在浉河区浉河港镇龙潭村示范茶叶种植产业、在师河区五星办事处琵琶山村（现琵琶山社区）示范畜牧养殖产业、在罗山县灵山风景区管理局灵山社区示范生态旅游、在灵鼎峰天然茶叶专业合作社示范林茶种植产业、在新县田铺乡黄土岭村示范林业及中药种植、在周河乡毛铺村分水岭示范油茶产业、在光山县凉亭乡大山村示范林茶种植产业、在商城县长竹园乡陈湾村示范林业、在鄢岗镇肖寨村示范有机水稻产业、在南湾林场清水塘林点示范混交林种植。罗山县新城区鹭鸶鸟保护示范点为额外新增示范点，是河南省第一个志愿者与政府共管保护区的示范点。

2 管理与实施方式

2.1 项目管理机构设置

信阳市政府是项目实施单位，具体工作由河南省信阳市原环保局代表市政府组织实施，原环境保护部环境保护对外合作中心、河南省财政厅在实施期间为其提供技术支持和相关协助。

项目成立了指导委员会作为最高决策机制，负责组织协调有关部门为制定项目实施方案和相关政策提供咨询，评审、批准项目年度计划和预算，监督项目实施。包括8个成员单位：信阳市政府、财政部国际司、原环境保护部自然生态保护司、原环境保护部环境保护对外合作中心、河南省财政厅、河南省发展改革委、原河南省环保厅、联合国开发计划署；信阳市副市长担任项目指导委员会主任。项目指导委员会下设项目经理一职，项目经理的项目指导委员会主任负责。

为顺利推进项目实施，信阳市成立了淮河源国家级生态功能保护区建设领导小组（以下简称"领导小组"）。由信阳市分管生态环境保护的副市长领导，负责组织协调信阳市有关政府部门参与项目活动，审查和监督项目的各种产出及执行情况。其成员包括信阳市原环保局、发展改革委、财政局、原林业局、水利局、原农业局、原国土资源局、原食品药品监督管理局、原旅游局、原扶贫办、生态环境协会和妇女联合会。领导小组下设项目管理办公室，即信阳市淮河源项目办公室，作为领导小组的秘书处，负责项目的具体日常管理和组织协调。

在示范的县级层面，成立了示范县（区）项目领导小组和地方项目管理办公室，负责示范项目活动的日常管理和组织协调，以及与信阳市政府及信阳市淮河源项目办公室的沟通协调。领导小组负责人为主管生态和环境保护工作的副县长，由当地县农业、财政、环保、林业、妇联、扶贫办、国土等相关部门代表组成；地方项目管理办公室设在县（区）环境保护局，县（区）环保局局长任办公室主任。

项目基于实施需要，还邀请国内外多领域专家组成技术顾问小组，为信阳市淮河源项目管理办公室和地方项目管理办公室提供技术支持。项目管理机构如图6-1所示。

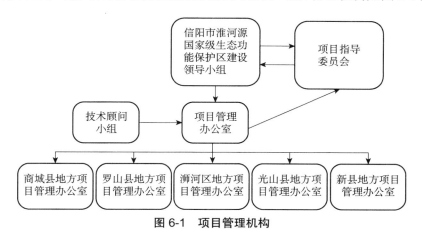

图 6-1　项目管理机构

2.2　项目实施调整

项目在实施过程中出现了一些项目实施初期未能预料的情形，中期评估也发现存在一些问题，包括项目设计的逻辑框架指标过大导致的不易实现、不适宜管理等问题。中期评估建议：1）项目延期一年，以便有充足的时间实现项目核心目标；2）调整项目逻辑框架、部分产出目标与活动，使之更具体、可评估、可实现；3）加强项目管理团队能力建设等。

为保证项目顺利实施，信阳市政府在中期评估后迅速作出回应。

1）调整逻辑框架中的部分活动与产出目标：重新聘请国际专家修改完善项目逻辑框架，在不改变项目核心目标的前提下，调整原项目设计中一些无法定量或无法实现的指标，调整了项目示范点，使项目活动更具指向性、科学性，示范点更具代表性。

2）加强项目管理与技术支撑能力：重新组建了项目管理团队，招聘了专职项目经理，聘请经验丰富的专家担任项目首席技术顾问，为项目后续顺利实施打下了良好基础。同时调整技术顾问小组成员，增加地方各领域生物多样性保护专家及政府技术人员比例，以便能及时发现并为解决项目实施中出现的问题提供技术支持。

3）调整项目实施周期：按程序申请延期一年，由原定 2013 年 6 月结束延期至 2014 年 6 月，以确保实现项目核心目标。

2.3　项目财务管理

信阳市政府是项目实施单位，由市政府管理资金；项目指导委员会主任签核官员，国家项目经理作为支付核证官员。项目资金管理涉及预算计划、监督、修改、支出、备案、报告和审计等程序均依循联合国开发计划署具体规定执行。

2.4 项目监督评估

项目制订了一套监督评估方案。除日常非正式电话和邮件跟踪外，项目监督评估分为两个层次。

1）全球环境基金、联合国开发计划署和项目指导委员会对项目的监督评估，分为报告、专家独立评估和项目指导委员会三种模式。

（1）报告

报告季度报告，项目办每季度初提交至联合国开发计划署，简短汇报上一季度活动实施、财务执行情况，以及其他方面的进展。

年中报告由项目办每年6月底提交至联合国开发计划署，并由联合国开发计划署区域技术顾问审核后报至全球环境基金，其内容主要为上年6月至本年6月的项目进展情况、指标实现程度、风险控制与管理、项目变化与调整等。

年终报告由项目办每年1月向联合国开发计划署提交，汇报上一年度的项目活动实施、财务执行、风险控制与管理、项目监管等内容。

（2）专家独立评估

按照项目管理规定，项目在实施中期、结束前须分别接受一次中期评估和一次终期评估，由联合国开发计划署聘请专家组（国际专家、中方专家组成），对项目实施情况、项目目标实现进度以及项目影响的可持续性进行全面评估，并对项目实施和后续工作提出建议。

（3）项目指导委员会

每年均组织召开项目指导委员会会议，邀请项目指导委员会成员代表参会，审议项目管理办公室汇报的上年度项目实施情况、工作计划及需要讨论的其他相关事宜。

2）项目内部实施的监督评估

监督评估包括分包合同管理、示范点监督管理两个层次。

分包合同管理：在分包合同中包括了工作任务要求、付款时间及相应报告要求，各产出需按审查流程（项目经理审查—首席技术顾问审查—技术顾问小组审查—领导小组审查）进行审查。

示范点监督管理：项目管理办公室除定期考察跟踪外，还定期召开工作协调会，要求各示范点报告进展情况；项目管理办公室也通过定期召开地方技术顾问小组会，审查各任务承担单位的产出成果。

3 主要成果

淮河源项目的实施，使保护生物多样性和生态系统功能成为信阳市地方政府和重要生产部门工作中的重点考虑因素，大大促进了生物多样性的主流化进程。淮河源项目主要成果见表 6-2。

表 6-2 淮河源项目主要成果

项目主要成果	成果概述	实际产出
1. 将生物多样性和生态功能保护纳入淮河源地区土地利用规划、生物多样性监测	完善了机构设置并提高其生物多样性和生态系统功能保护主流化能力，制定了生物多样性友好型的土地使用规划机制（市、县级）和相关规划；修改了与生物多样性和其他生态功能相关的标准，完善了监测系统	-成立领导小组、技术小组 -开展能力提高调查，打分评估结果表明 4 年来能力提高了 45% -召开领导小组会及培训会，提高主流化的能力 -基于生物多样性友好的《信阳市土地利用总体修编指南》 -基于生物多样性友好的《信阳市土地利用总体规划（2010—2020 年）》 -基于生物多样性友好的《商城县土地利用总体规划（2010—2020 年）》 -基于生物多样性友好的《新县土地利用总体规划（2010—2020 年）》 -《信阳市土地利用总体规划实施方案》 -《商城县土地利用总体规划实施方案》 -《新县土地利用总体规划实施方案》 -《淮河源生态功能与生物多样性监测技术规范》 -《淮河源生态功能及生物多样性基线监测报告》
2. 使生物多样性和生态功能保护在关键生产部门主流化	梳理和评估政府部门已发布的政策、法规、规划和相关文件对生物多样性的影响；制定对农林部门可操作的、有助于生物多样性和生态保护的连贯激励框架；提高公众和私营部门利益相关方对修订的法规和激励机制的认识和执行能力	-《林业部门政策及激励机制清理分析报告》 -《农业部门政策及激励机制清理分析报告》 -建立市县等多层级的激励机制 -建立了 11 个示范点 -组织开展乡科级以上的干部培训 5 次，宣传新的机制和规定 -《信阳市林业生物多样性友好管理—私营部门指南》 -《信阳市农业生物多样性友好管理—私营部门指南》 -《信阳市林业生物多样性友好管理—政府工作人员手册》 -《信阳市农业生物多样性友好管理—政府工作人员手册》

续表

项目主要成果	成果概述	实际产出
3. 让生物多样性和生态功能保护在扶贫战略、扶贫项目中成为常用的主流化因素	获得在扶贫贷款发放、生态系统功能保护和生物多样性保护之间具有潜在协调增效一致的战略； 开展了具有扶贫和生物多样性保护双重目标的扶贫投资	- 《信阳市扶贫投资基线调查和评估报告》 - 《基于生物多样性友好的扶贫投资与评估指南》 - 《基于生物多样性友好的扶贫投资咨询服务手册》 - 投入 3 100 万元，用于生物多样性友好的生态移民项目
4. 总结和宣传项目经验教训，促进全国国家重点生态功能区的管理	建立国家级和地区级的网络学习网站，总结项目经验教训； 通过中国生物多样性伙伴关系框架（CBPF）网络，在淮河源项目利益相关方、关键生态保护区管理人员和相关部门机构（矿业、林业、土地使用管理）之间推广和交流取得的经验教训； 为关键生态功能区提供政策建议	- 建立了淮河源网站 - 原环境保护部环境保护对外合作中心官方网站设立淮河源专题 - 《淮河源 2002—2010 年生态功能与生物多样性保护经验总结报告》 - 《中国环境报》2013 年 9 月 18 日，刊登报道《项目示范带动淮河源保护——信阳探索重点生态功能区保护发展双赢之路》 - 《国家重点生态功能区管理主要法律法规及政策汇编》 - 《国家重点生态功能区管理分析报告》

4 实施经验

4.1 政府主导，推动部门协调决策，为项目目标实现提供保障

淮河源项目旨在在土地管理、农业、林业、扶贫、环保等关键部门实现生物多样性保护主流化。由于涉及部门多、工作面广，需要由具有综合协调能力的政府部门来牵头实施。政府的参与，可以提高各相关行政主管部门和各产业发展部门的重视程度。项目在中期评估前，由信阳市生态环境协会（地方非政府组织）负责组织实施。由于该组织的协调与组织能力有限，导致项目实施进度与成果不符合预期，专家组的中期评估结论为不满意。在此之后，市政府及时调整项目实施方式，改由原市环境保护局牵头实施。市政府发布了《淮河源生物多样性保护与可持续利用项目行动方案》，明确了各部门在淮河源项目中的目标任务；原市环境保护局也充分发挥其综合协调职能，联合相关政府部门共同努力，使项目进展不利的局面迅速得到扭转，各项预期目标最终得以实现。此外，

在市政府的支持推动下，建立了市级和县（区）级领导小组等部门间协调决策机制，并通过召开协调会议等形式，为淮河源生物多样性保护工作提供决策参考和技术支持，也对当地生物多样性部门协调与决策机制的建立进行了有益探索。

4.2　与当地政府中心工作紧密结合，促进项目成效最大化

生物多样性保护主流化涉及土地管理、环保、农业、林业等许多政府关键职能部门，各部门都有自己的中心任务，单独实施一个项目往往力度不够。淮河源项目在实施过程中，紧密结合信阳市"生态立市"的战略，利用各部门制订工作计划的机会，将项目目标与内容融入信阳市政府的中心工作之中，促进了项目实施成果的最大化。同时，因项目研究内容与政府中心工作密切相关，项目成果也能够被及时应用到各行各业的生产实践中，引导农业和林业等部门推行对生物多样性友好的生产方式。通过将项目内容与各部门的中心工作相结合，使项目活动实施与成果影响效应达到了事半功倍的效果。

4.3　针对当地主要产业设计示范点，扩大示范效果

淮河源位于中国亚热带与暖温带的过渡地带，气候适宜，农业、林业等产业类型较多。为将生物多样性保护主流化理念推广到各个行业，项目在实施期间扩大了示范范围，针对当地的水稻种植、茶叶种植、经济林木种植、中草药种植、旅游及畜牧养殖 6 个主流产业，设计了 11 个示范点；根据单个示范点产业特点，制定了明确的示范内容和验收指标，并建立激励机制。

项目示范点设计遵循以下几点：1）以当地主导产业为主要示范产业，通过主导产业的生物多样性友好生产和经济效益的提高，带动周围农民主动参与，如有机水稻种植示范、生态茶园建设示范产业等；2）以资源可持续利用为核心，切实帮助农民解决生计问题，降低农民对野生动植物资源的依赖程度，如草药种植示范、生态旅游示范等；3）以资金激励为后盾，引导农民逐步适应市场经济发展模式，充分利用政策，持续发展生物多样性友好型经济，如开展油茶种植示范等；4）以增强意识为纽带，通过生动的现场培训和专家现场技术指导，鼓励农民选择生物多样性友好的生产模式。

实践证明，选择示范产业符合当地实际，示范内容易被地方群众接受，示范建设取得了良好的效果，引导了当地农民转变生产方式，降低或消除了对淮河源生物多样性的威胁因素，实现了生物多样性保护与可持续利用的目标。

4.4 建立共管机制，促进社区参与

非政府组织参与项目实施过程能促进项目实施效果提升。淮河源项目在实施过程中，与信阳市野生动物保护协会、信阳市扶贫开发协会、信阳市生态环境协会及罗山县社工协会等组织建立了良好的互动关系，并借此促进社区参与项目实施，有效扩大了项目影响力。

如在罗山县新城区鹭鸶鸟保护示范点建设过程中，罗山县社工协会的参与成为淮河源项目管理办公室与非政府组织合作的一个良好范例。该示范点位于罗山县城边缘，浓密的杉树林种植于20世纪70年代，优良的环境吸引了众多鸟类，候鸟种类最多可达到十几种，数量上万只，其中鹭鸶鸟就有八种。近年来，受人类生活、环境污染和城市建设的影响，鸟类栖息地受到严重威胁。但在项目实施初期，该栖息地并未作为示范点纳入。罗山县社工协会在积极保护该鸟类栖息地的同时，主动与淮河源项目办联系；项目办也迅速回应，调整示范点，将该栖息地纳入示范建设内容，积极引导协会与地方政府协调沟通。志愿者的呼吁和积极行动，引起了罗山县政府的重视，县政府先后叫停栖息地及周边高楼建设，调整土地规划，将国道312线迁线，并计划申报湿地公园；环保志愿者与县林业局签订共管协议，拉起护栏，清理垃圾，向周边居民宣传生物多样性保护的意义，消除了对该区域鹭鸶鸟的威胁因素。该示范积极推动了生物多样性保护在政府、社会、群众中的主流化。

再如，在罗山县灵山风景管理局灵山社区生态旅游示范点建设过程中，增设了社区居民与原旅游局签订共管协议这一内容。通过建立共管机制，社区居民保护生物多样性的意识大大提高，增强了共管的责任感，促进了社区公众参与积极性。

4.5 注重宣传，多种方式扩大项目影响与效果

项目办始终高度重视项目宣传工作，并通过多种方式宣传推广生物多样性保护与可持续利用理念与成果。

（1）淮河源项目管理办公室建立了"中国·淮河源"网站，宣传项目内容，推广生物多样性知识，报道项目实施过程的重要活动，总结示范点建设过程中取得的经验，与生态环保部门、淮河源区域的群众分享项目产出、成果与示范经验。同时，淮河源项目管理办公室通过当地主流媒体进行宣传，有效地增加了本地群众对淮河源项目的了解，和对生态功能与生物多样性保护相关知识的了解，使生物多样性主流化工作更加扎实，也增强了公众的生物多样性保护意识。

（2）淮河源项目是中国生物多样性伙伴关系框架（CBPF）下的项目，目的是推

广分享淮河源项目的经验。一是在中国生物多样性伙伴关系框架网站建立了淮河源项目专栏，及时推送淮河源项目动态消息和取得的进展。二是与 CBPF 下其他子项目进行了 5 次交流互动。通过交流，有效分享了淮河源项目经验，借鉴了框架下其他项目的管理实施经验，提高了项目管理办公室人员的项目执行管理能力，扩大了项目的影响力。

（3）为将淮河项目成果在国家重点生态功能区进行应用，淮河源项目管理办公室与原环境保护部环境保护对外合作中心、《中国环境报》合作，对淮河源项目梳理后的成果专栏形式进行了报道，并制作了《全球环境基金/联合国开发计划署淮河源生物多样性保护与可持续利用项目专题片》，对淮河源项目实施经验、成果在全国范围进行宣传与推广。

4.6　建立激励机制，确保项目实施的可持续性

建立激励机制的是促进生物多样性保护工作制度化的一个重要手段。淮河源项目在实施过程中重点构建了县级激励机制，在 5 个重点示范县发布了旨在促进生态功能保护和生物多样性保护的激励政策，对采用生物多样性友好生产方式进行生产、生态环境明显得到改善，以及起到带动示范作用的私营部门和个人进行奖励。各示范县（区）政府也为生态茶园建设、中药材种植、有机稻种植、混交林种植、生态旅游等特定的产业，制定了具体奖励办法，形成了完整的激励架构。

在市级政府层面，原市环境保护局结合日常工作制定了包含生物多样性保护的生态村评选方案，纳入了 5 个生物多样性指标。该方案的实施对引导淮河源农村地区进行生物多样性保护和资源可持续利用发挥了积极作用。

4.7　进行适应性项目管理，确保项目核心目标的实现

中期评估发现淮河源项目存在不少问题，项目实施过程中也出现了一些启动初期未能预料的情况。其中，项目逻辑框架指标设计过大不易实现、项目内部管理不当是主因。为实现项目核心目标，信阳市政府按照中期评估建议迅速作出了管理回应，及时采取有针对性的措施和办法，对项目管理团队、项目逻辑框架、实施进度安排、技术顾问组、示范点等进行了调整。此次调整，为项目核心目标的实现提供了关键保障，项目终期评估结果为"满意"。

4.8   生物多样性保护和扶贫相结合，实现双赢

淮河源重点生态功能区人口密度大，经济较为落后，自 20 世纪 80 年代以来就被列为需要国家重点扶持的贫困地区。在此项目实施之前，扶贫以增加地方收入为唯一目标或最重要的目标，常常忽略了扶贫项目对生态环境造成的影响和对生物多样性造成的损害。

淮河源项目在实施期间委托信阳市扶贫协会对 2001—2010 年的扶贫投资及扶贫与生物多样性保护关联情况进行了调查评估，发现在该时间段内扶贫项目很少关注生物多样性的可持续利用，扶贫资金没有投入生物多样性保护相关领域。因此，项目编制了《基于生物多样性友好的扶贫投资与评估指南》，详细列出了项目区生物多样性友好的扶贫资金投入优先支持清单，包括优先项目清单、优先投资区域清单、限制扶贫投资的清单，对信阳市的扶贫工作起到了积极的引领作用。同时，信阳市扶贫协会还制定了《基于生物多样性友好的扶贫投资咨询服务手册》，指导工作人员在实施生物多样性友好的扶贫开发活动时，运用好生物多样性友好的对策、措施和相关政策。如在《基于生物多样性友好的扶贫投资与评估指南》的指导下，信阳市扶贫开发办公室安排了 3 100 万元，用于生物多样性友好的扶贫异地搬迁项目。经过评估，95%的扶贫投资发挥了积极作用：生态搬迁后，农民生活得到改善，当地砍伐山林用作薪柴的现象明显减少，降低了生活污染对山区生物多样性的影响，减少了坡耕，当地生态植被也得到明显恢复，实现了生物多样性保护与扶贫的协同增效。

第七章

利用生态方法保护洮河流域生物多样性项目

利用生态方法保护洮河流域生物多样性项目（以下简称"洮河流域项目"），是由中国地方省级政府甘肃省政府主导实施的全球环境基金项目，联合国开发计划署是项目指定机构。项目于 2010 年获得全球环境基金批准，于 2011 年 1 月启动，2015 年 1 月结束，执行期 4 年。项目总预算为 901.8 万美元，其中全球环境基金出资 1 73.8 万美元，中国政府承诺配套 728 万美元。截至 2015 年 1 月项目结束时，中国政府落实配套资金总额 917 万美元，超出承诺金额约 26%。

项目旨在通过洮河流域的保护示范，加强全省保护区可持续管理和融资能力，促进生物多样性主流化。

1 项目概述

1.1 立项背景

甘肃省总面积为 45.40 万 km^2，孕育着丰富的生物多样性及独特的生态系统，在我国生物多样性保护中具有重要地位。全省共有野生动物 864 种，脊椎动物数量占全国的 19%，哺乳动物和鸟类丰富性分列全国各省第四位、第七位，国家一级保护野生动物 33 种、国家二级保护野生动物 81 种；全省共有高等植物 4 000 多种，国家重点保护野生植物 34 种，其中国家一级保护野生植物 7 种，二级保护野生植物 27 种。全省已建立各类自然保护区 63 处，总面积为 1 003.34 万 hm^2，占全省土地面积的 22.10%。

甘肃省是全球生物多样性热点区域之一，保护生物多样性具有全球意义。《世界自然保护联盟濒危物种红色名录》中有 107 个物种在甘肃省被发现；世界自然基金会"全球200"（Global 200）确定的多个世界生物多样性最丰富的生态区位于甘肃省。甘肃省最南端的森林属于中国西南温带森林，白水江国家级自然保护区就位于此；甘肃省南部洮河流域被保护国际基金会（CI）列为全球生物多样性热点区域，区域内针叶林属于横断山针叶林，其中一些位于莲花山国家级自然保护区和洮河国家级自然保护区；甘肃省南部草原和高山草地属于青藏高原草原和东部喜马拉雅高山草甸。国际鸟盟也在甘肃省发现了 14 个重要的鸟类生活区。与四川省若尔盖湿地紧邻的甘肃南部湿地是黄河发源地，其保护被认为具有国际意义。

由于近年来的人类活动及自然原因，甘肃省生物多样性损失严重，生物区系结构及成分发生了变化，以前一些常见物种已成为稀有物种或濒危物种，物种绝迹的现象也并不罕见。森林面积减少、土地用途变化、过度采收生物资源、以及生境退化与破碎化，是造成上述现象的主要原因。但甘肃省作为具有全球意义的生物多样性保护重点区域，实现其保护区的有效管理仍面临一系列的障碍，主要包括两点：1）全省自然保护区管理体系基础薄弱，已影响保护的有效性；2）全省自然保护区系统资金不足。要去除障碍就要求甘肃省自然保护区管理部门在系统化、制度化以及运营方面具备足够的能力：1）运用科学数据和信息有效规划管理全省自然保护区网络；2）缓解保护区以及生物多样性保护所面临的威胁和压力；3）对自然保护区的管理进行有效规划和可持续融资，以确保自然保护区运营取得积极成果和良好效益；4）在自然保护区运营管理过程中，优先考虑提高居民生活水平和发展社会经济。如此，方能实现保护区系统管理能力提升和财务的可持续性。

为此，甘肃省政府、联合国开发计划署和全球环境基金发起了洮河流域项目。该项目旨在通过提高原甘肃省林业厅负责管理的保护区管理效力，加强省级层面的生物多样性保护"主流化"进程，提高机构能力，在洮河流域 4 个保护区开展可持续管理及融资示范等活动，解决或者缓解甘肃保护区体系存在的问题，增强环境、社会、财务和机构的可持续性，从而改善保护区对生物多样性的保护状态，减轻对生物多样性的压力。

1.2 项目目标

项目整体目标为通过提高保护区管理有效性和可持续融资能力，增强甘肃省保护区可持续性。以便在中国对具有重要全球意义的生物多样性实现更加广泛且有效的保护。

1.3　预期成果

1）使甘肃省保护区的政策、法律及体制建设得到强化，解决保护区生物多样性面临的威胁，并通过战略合作伙伴及可持续融资持续维持保护区活动。

2）加强省级自然保护区的管理和融资能力，减少濒危物种所受威胁，总结经验教训为中国其他省份及其他国家的自然保护区提供借鉴，带来显著的国内和全球效益。

3）使对国家具有重要意义的生物多样性保护区示范点得到保护和可持续利用，甘肃省保护区也间接获得如下效益：生态系统服务功能得到提升，如洮河流域水质变好；省级能力建设渗透到地方层面；国内对自然利用更具成本效益，多种非政府资源对保护区做出贡献；保护区与当地政府关系改善，因更多利益相关方参与，使保护得到更好的监测评估。

1.4　主要利益相关方

本项目利益相关方较为多，包括甘肃省和地方的政府的机构、大专院校、研究院所、民间协会组织、私营企业、地方社区和居民。表 7-1 列出了主要利益相关方及其在项目中的角色。

表 7-1　洮河流域项目主要利益相关方

利益相关方	项目角色
原甘肃省林业厅（现甘肃省林业和草原局）	原甘肃省林业厅管理着全省 67 个保护区中的 46 个，是项目主要受益方。作为项目实施单位： - 整体负责项目实施、把握项目实施进度 - 监督项目团队工作 - 与其他省级机构协调推动项目活动，并宣传项目成果 - 与联合国开发计划署及其他利益相关方保持富有成效的定期联系，确保项目顺利实施 - 将项目成果纳入省级保护区及生物多样性计划 - 协调相关部门制定和实施省级自然保护区融资战略 - 拟定关于自然保护区自创收入机制的法律法规 - 协调启用自然保护区管理效力追踪工具 - 协调相关组织合作开发项目推广战略并实施 - 保证政府配套资金支持
甘肃省财政厅	- 为项目实施提供融资 - 是审查和批准项目预算及确保项目财务管理的重要伙伴 - 是保护区拓展资金渠道的伙伴 - 是协调其他相关省级部门采取一致行动支持项目实施的重要机构

续表

利益相关方	项目角色
甘肃省发展和改革委员会	- 为本项目提供其他国际或国内项目（已结束或进行中）相关经验和教训 - 向其他国际和国内项目宣传本项目经验和教训 - 在未来政府资助项目中支持实施本项目提出的建议和战略 - 起草和推进必要的立法、法规修改建议以实现项目目标
原甘肃省农牧厅 （现甘肃省农业农村厅）	- 协调保护区内水生生物多样性保护计划的实施 - 协调保护区内防止过度放牧计划的实施 - 吸取本项目经验和教训用于部门其他项目和日常工作
甘肃省水利厅	- 合作制定用于保护区的生态系统服务补偿制度，为保护区提供水利服务机制 - 合作起草的修订必要的地方性法规并推进立法或修订进程以实现目标
原甘肃省环保厅 （现甘肃省生态环境厅）	- 协调省内所有保护区的工作 - 合作起草的修订必要的地方性法规并推进立法或修订进程以实现目标 - 吸取本项目经验和教训用于本部门其他项目和日常工作
原甘肃省旅游局 （现甘肃省旅游和文化厅）	- 合作策划保护区内旅游发展业发展活动 - 合作制订试点保护区旅游业计划，并审查旅游收入来源及分配政策 - 合作起草的修订必要的地方性法规并推进立法或修订进程以实现目标
甘肃省人民政府法制办公室	- 合作起草的修订必要的地方性法规并推进立法或修订进程以实现目标 - 与亚洲发展银行负责的 12 个项目进行协调，包括起草新的与土地退化有关的地方性法规
自然保护区领导和员工	- 负责牵头开发和支持公私合作项目 - 是自然保护区业务计划制订过程中的主导者和受益者 - 是执行自然保护区项目活动主体
林业科技推广站等林业培训单位	- 在原甘肃省林业厅指导下提供关于自然保护区管理的培训 - 进一步加强能力建设，继续进行能力需求评估和能力建设，以实现有效的保护区管理规划及业务计划并加以落实
地方政府，包括地市级政府、县政府和镇政府	- 参与公私合作项目并从中获益 - 参与制订和执行自然保护区业务计划 - 协助制定自然保护区与社区间的自然保护区管理的协议
当地社区和居民	- 参与自然保护区管理决策过程 - 执行项目活动，包括基于社区的自然保护区管理、替代收入开发（生态旅游、自然资源可持续采收）、意识提升等

续表

利益相关方	项目角色
私营部门	- 是自然保护区管理潜在的资金提供者 - 是保护区运营伙伴
大学及省林业科学研究院等研究机构	- 协助提供技术支持 - 潜在分包商
国际和国内非政府组织	- 协助提供技术支持 - 潜在分包商
媒体	- 传播项目成果的伙伴 - 提高公众生物多样性保护意识的伙伴

1.5　项目实施区域

项目主要实施区域为甘肃省洮河流域的 4 个主要示范区：莲花山国家级自然保护区、太子山国家级自然保护区、洮河国家级自然保护区和尕海-则岔国家级自然保护区。

2　管理与实施方式

2.1　项目机构设置

项目由原甘肃省林业厅代表甘肃省政府负责实施，财政部、联合国开发计划署、原甘肃省林业厅三方每年召开一次会议审议项目执行情况。

国家项目主任由原甘肃省林业厅副厅长担任。

项目组建了以国家项目主任为领导的项目指导委员会，成员单位包括甘肃省财政厅、政府法制办公室、政府政策研究室、原环保厅、科技厅、原农牧厅、水利厅、原林业厅、原旅游局以及原省扶贫办。每年召开一次会议。主要职能：1）实现各政府部门间的协调与合作；2）指导项目实施；3）确保项目活动与甘肃省实施的发展规划相结合；4）检查项目进展、年度工作计划和年度报告；5）对项目工作调整作出决策。

项目指导委员会下设项目协调办公室、项目执行办公室和项目管理办公室。项目协调办公室由省财政厅牵头组建，财政厅国际处负责其日常工作，其职责为：在项目指导委员会的领导下协调各成员单位，为保护区拓宽融资渠道、提供配套资金并监管资金使用。项目管理办公室，设在原甘肃省林业厅外资项目管理办公室（项目办），具体负责项目日常实施。同时，在原林业厅外事合作处设项目执行办公室，与项目协调办公室共同指导项目办日常工作。项目机构设置如图 7-1 所示。

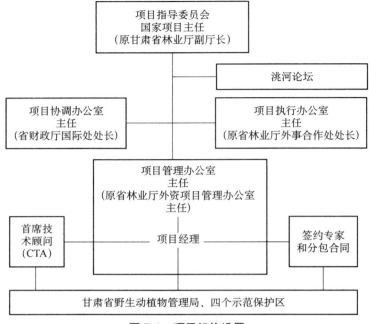

图 7-1　项目机构设置

2.2　项目财务管理

为规范财务管理流程，有效监督财务执行，项目办制定了项目财务管理办法，并负责管理日常财务支出；项目协调办公室负责监管项目资金使用情况。

2.3　项目监督评估

项目于筹备期对基本情况进行了合理归纳和评估，设计了包括财务可持续性、管理效力和能力建设等内容的打分机制，形成了半量化的监督评估方法。项目办也非常重视实施过程中对项目活动与成果的推广，如省项目办人员定期检查 4 个示范区项目办，并尽可能地拜访其他保护区，宣传包括监测技术规程和数据库在内的项目成果。

3　主要成果

项目通过提升保护区管理能力和可持续融资能力，增强甘肃省保护区的可持续性。

具体成果如下。

3.1　加强甘肃省保护区系统可持续管理和融资的省级法律和制度框架

一是制定了保护区系统性开发和管理战略及融资计划，并由原甘肃省林业厅批准实施；二是评估并推动了甘肃省保护区系统立法和法规框架的改善；三是成立了由各部门、各机构和利益相关者组成的洮河论坛，项目实施期间组织了 3 届论坛，有效提高了保护区管理能力；四是开展机构与个人能力建设活动，保护区有效规划管理与可持续融资能力得到加强。

3.2　推进洮河流域保护区可持续管理和融资示范建设

一是制订洮河流域 4 个示范保护区的管理计划、商业计划，以及包括洮河流域旅游整体计划等在内的多种管理手段，并有效实施；二是支持 4 个示范保护区建立生物多样监测和评估系统，并将其经验在省内部分保护区推广应用；三是协助保护区与地方合作伙伴建立协作关系，以与居民社区签署共同管理协议、与私营部门签署惠益分享协议等方式，有效提高保护区管理能力及成本效益，保护区受到的威胁得以减轻。

4　实施经验

4.1　通过参与项目实施，激励并实现广泛能力提升

洮河流域项目活动采取广泛参与的方式实施。从高层管理者到保护区管理局基层人员、保护站技术人员均能参与项目实施。如原国家林业局相关人员参与了保护区管理战略、商业计划和监测上报管理等工作；原甘肃省林业厅、原环保厅、水利厅和原农牧厅等省内保护区管理机构，协同发挥作用，促进项目活动顺利开展。4 个示范保护区管理局管理人员、保护站技术人员均广泛参与到项目工作的方方面面。周边村庄和私营部门也通过各种方式参与其中，超过 1 600 人次参与了项目能力建设活动，其中妇女占总参与人数的 32%。广泛参与的方式，使参与其中的机构与个人能力得到提高，并且通过参与项目实施，激励促进人们积极思考并进一步完善项目成果。

4.2 社区广泛参与保护示范，签署共同管理和惠益分享协议

当地社区活动是造成甘肃省内保护区自然资源面临环境威胁的主要原因。因此，洮河流域项目通过推动当地社区成员参与保护区管理框架制定与实施，向社区居民展示如何通过保护区内的合作改善生活和生计。同时，努力降低珍稀物种面临的生存压力。通过签署共同管理协议（以下简称"协议"）使社区居民广泛参与正式化、机制化。截至2014年9月终期评估（项目于2015年1月结束），保护区管理局与社区居民共签署了54份协议。同时，项目也推动私营部门和当地社区间签署惠益分享协议，使得社区居民能享有因保护而带来的经济收益。如示范保护区与一个小型水电站业主签署协议，该电站为保护区内41户居民免费供电；与一家农业企业签署协议共同运营一个苗圃，当收入达到一定程度时分享收益；与一个中草药产品生产企业签署协议，该企业承诺资助示范保护区附近学生学费。这是甘肃省保护区管护历史上第一次签署惠益分享协议。

通过与社区签署协议促进了社区与保护区联合，并达成保护共识；惠益分享协议建立了私人企业与社区居民、保护区之间的新型生态补偿及收益共享机制。这些示范，显著提升了示范地保护区利益相关方的参与积极性，积极促进保护共识的形成。

4.3 管理部门高度重视，将项目产出纳入政府工作议程

为加强甘肃省保护区濒危野生动植物栖息地保护与恢复、提高保护区基础设施水平和保护区管理机构能力、推进保护区生态文化产业发展、促进持续融资等，洮河流域项目支持起草了保护区系统战略和规划框架，并得到了原甘肃省林业厅的大力支持。该框架于2014年年底由原甘肃省林业厅批准发布。框架根据当前自然保护区的分布和保护管理现状，详细规划了全省保护区体系、生物多样性监测系统、法规与政策、机构与人员能力、生态文化、科学交流与合作等方面的建设任务。同时，在地方政府支持下，制订发布了洮河流域融资计划，通过分析我国自然保护区的融资现状，提出我国保护区可供选择的融资手段，详细设计了洮河流域项目4个示范保护区的融资对策。

4.4 开发最佳管理工具，推广保护区示范

项目支持的4个示范保护区分别开发了基于最佳案例的保护区管理工具：1）基于威胁因素分析制订的综合管理计划；2）洮河流域旅游计划；3）旨在提高保护区收入并使保护区自营收入多元化的商业计划。基于上述管理工具，4个示范保护区分别制订了5

年行动计划，分析了示范保护区现状、威胁和限制因素，制定了发展蓝图，设计了明确的行动计划和产出目标。示范保护区管理局在行动计划书得到批复后即开始实施，其成果对省内其他保护区产生了良好示范效应。

4.5 开展保护区能力建设，加强生物多样性保护

在洮河流域项目实施之前，甘肃省仅有原省林业厅管理的少数几个保护区开展了生物多样性监测，多数保护区缺少系统的监测技术规程。基于此，项目开展了生物多样性监测培训，在4个示范保护区内布设监测样线，帮助保护区制定监测技术规程，配置基本的监测设备与设施，开发了生物多样性监测数据库，实现了对监测数据的有效管理。在项目支持下，4个示范保护区均编制了监测实施方案，方案包括监测目标、监测对象、监测内容（样线监测、样地监测、视频监测、旅游监测和社区监测）和监测制度等内容。对所有的监测数据都进行规范性分析，并将分析结果应用于支持保护决策和管理。同时，项目也积极向甘肃省其他保护区推广监测技术规程和数据库，有效提升了全省保护区管护能力与水平。

4.6 组织论坛，促进利益相关方参与

为将更多利益相关方聚集到一起交流观点、表达看法、就保护优先行动达成共识，使当地社区从自然资源的可持续保护与利用中获得收益，洮河流域项目发起并成立了"洮河论坛"。项目实施期间共召开了三次论坛，设置议题从信息交流、扩大宣传逐步转向讨论保护区之间、保护区与社区之间深层次的生态保护与经济发展的矛盾，探讨生态补偿形式与运转机制，并付诸行动。实践证明，省级各相关部门、保护区及社区代表等广泛参与的"洮河论坛"，起到了"甘肃省保护区理事会"的作用，搭建并形成了一个有效的交流沟通与经验分享平台，发挥了部门之间、保护区与社区等利益相关者之间的协作能力，得到省级管理部门、保护区和社区居民的积极响应。

第八章

汶川地震灾区恢复与重建中生物多样性
保护应急对策项目

"四川汶川地震灾区恢复与重建中生物多样性保护应急对策"项目（以下简称"汶川地震保护应急项目"）是全球环境基金（全球环境基金）的一个应急项目，也是震后恢复与重建首个国际援助环保项目。该项目旨在保护 2008 年汶川地震灾区濒危生态系统，以及与之相关联的受威胁和濒临灭绝的物种，减少因地震造成的生物多样性损失。具体目标是在震后恢复和重建过程中加强生物多样性保护，开展四川震区自然保护区系统的保护建设示范。

该项目指定机构为联合国开发计划署（UNDP），原中央项目实施单位为原环境保护部环境保护对外合作中心，地方项目实施单位为原四川省环境保护厅。项目总投资 283.52 万美元，其中全球环境基金资金 90.9 万美元，中国政府融资 155 万美元，UNDP 融资 9 万美元，非政府组织融资 28.62 万美元（包括世界自然基金会实物融资 10 万美元、现金 5 万美元，大自然保护协会实物融资 106 200 美元，山水自然保护中心实物融资 2 万美元，美国高山研究所实物融资 1 万美元）。项目原计划实施周期 1 年（2008 年 6 月至 2009 年 6 月）；因受震后项目区交通、建设等因素影响，项目延至 2010 年 10 月结束。

1 项目概述

1.1 立项背景

2008 年 5 月 12 日发生的中国四川汶川大地震，不仅造成了重大人员伤亡和巨额财产损失，同时也是自然环境与生态系统的一场浩劫。时任国务院总理温家宝表示，此次地震强度之大，影响之广，是自中华人民共和国成立以来所遭受的最严重的自然灾害。据民政部统计，此次地震受灾总面积 44 万 km²，受灾人口 4 561 万人；省内靠近震中的 30 个县市成为受灾最严重的地区，超过 2 800 万间民房、学校和医院倒塌或部分倒塌，公路、铁路和桥梁被毁。地震导致的山体滑坡、河流阻断、河流和土地下陷等，都造成了巨大的环境损失和植被破坏。

震区处于中国西南地区长江上游，生物多样性丰富，是保护国际（CI）认定的 25 个全球生物多样性热点地区之一、世界自然基金会（WWF）200 个全球生态区之一，具有重要的全球意义。该地区也是全国生态保护重点地区之一，域内森林、草地、湿地等生态系统提供了重要的生态系统服务功能，包括生物多样性维护、水源涵养、土壤保持等，对维护区域生态安全具有重要作用。灾区内有 36 个自然保护区，包括 8 个国家级自然保护区、18 个省级自然保护区、10 个市（县）级自然保护区。灾区处于南北生态交界区，拥有大量的孑遗物种和特有物种，如大熊猫、四川鹧鸪；大熊猫占全国野生大熊猫栖息地总面积的 60%，拥有全国 70% 的野生大熊猫。灾区内聚居了中国 55 个少数民族中的 12 个，包括藏族、羌族、回族、苗族、壮族、土家族、满族、黎族、维吾尔族、基诺族，是自然和人文景观相互映衬的独特地区。

汶川地震对生态环境造成了极大破坏，灾区生物多样性面临巨大威胁，具体表现在以下几方面。

1）地震直接导致栖息地丧失、野生动物个体死亡、保护站基础设施损坏等。中国科学院生态环境中心震后在 8 个市县开展的初步评估显示，仅在被调研区域就发生山体滑坡面积近 7 万 hm²；大熊猫栖息地被毁 34 000 hm²，受灾近 10 万 hm²；农田受损面积 3 万 hm²；有 18 个自然保护区和 55 个保护站管理办公室的基础设施被毁；仅在拥有中国 50% 的人工饲养大熊猫和 10% 野生大熊猫的卧龙国家自然保护区，就有 14 处大熊猫围栏被毁、18 处遭到严重破坏。

2）地震次生灾害引起生态环境风险。生态环境风险包括因植物丧失而导致的野生动物食物供给大量减少，地下水环境变化引起动植物死亡，栖息地丧失导致物种迁徙等。

3）灾区恢复重建过程中因救灾或其他人类活动导致潜在的生态风险。潜在的生态风险包括化学消毒剂引起的水土污染，房屋、公路、桥梁等基础设施重建对生物多样性的影响等。

根据评估，在震后重建与恢复工作中做好生物多样性保护，需要解决三个问题。

1）缺少详细的震后生物多样性现状信息，难以支撑制订有针对性的生物多样性保护行动与实施计划。震后灾区地形地貌、天然栖息地、各类型动植物，特别是动物分布均发生了较大改变，震后快速评估与初步调研远远不够，尚需通过收集大量信息来修订灾区的生态保护区边界，为政府制定震后恢复管理政策、措施提供参考。

2）相关政府部门在震后恢复和重建中的管理能力弱，缺乏或没有制定兼顾生物多样性保护目标的综合规划、减少次生灾害及人为活动对生物多样性影响方面的意识与能力较弱。大量资金用于灾后重建交通和住房等基础设施，包括灾民安置等，均需充分考虑到生物多样性价值，否则这些灾后的人类活动都有可能增加野生动植物的生存压力，进一步威胁生物多样性。

3）保护区系统管护能力受损严重。保护区设备和基础设施的损毁大大降低了各级管理及保护机构执行巡逻、监督等常规保护活动的能力，众多重要保护区无法得到有效妥善保护，甚至在灾后遭受更多的人为活动压力，尤其在丧失生计时，灾区民众可能会猎取野生资源以弥补其损失。此外，还需增强保护区应对山体滑坡、水污染和其他地震引发的环境风险的能力，以避免发生更多次生灾害。

汶川大地震得到了国际社会的高度关注。鉴于灾区生物多样性在全球备受关注，将环境恢复、加强环境管理以及将生物多样性纳入重建工作与长期计划显得尤为重要。全球环境基金理事会震后即致电中国财政部、原环境保护部，决定为灾区恢复重建提供紧急项目援助。为确保援助项目尽快实施，加快灾后重建，原环保部、财政部等国内相关部门启动了"绿色通道"，快速审批核准汶川地震保护应急项目，并在原四川省环保厅上报原环境保护部环境保护对外合作中心"关于《针对四川省地震灾害引发的生物多样性保护应急对策》项目的复函"的基础上，确定了以"对受灾严重的县（市）开展生态破坏情况现场调查；对重灾区自然保护区管护设施受损情况进行专项调查评估；在重灾区建设生态监测站或生态观测站监测生态变化情况"等，作为援助项目主要活动内容，并邀请联合国开发计划署作为项目指定机构。

1.2 项目目标

项目总体目标是保护受损的生态系统以及与之相关联的受到威胁和濒临灭绝的物种，减少因地震造成的生物多样性损失。具体目标是在震后恢复和重建过程中加强生物多样性保护，开展四川震区自然保护区体系能力示范建设。

1.3 预期成果

1）开展地震影响区濒危生态系统震后风险快速评估，弥补地震对生物多样性的影响和获取震后生物多样性风险知识与信息。

2）把生物多样性保护目标纳入恢复与重建总体规划，使其成为震后恢复与重建的重要内容。

3）编制生态监测技术规程，开展生态监测示范站点建设，提高在减灾和震后恢复重建过程中对生物多样性的监测能力。

4）提出保护区系统恢复与重建优先行动与预算框架，以利于政府和国际社会投资，加强保护区管理。

5）恢复位于灾区的 2 个自然保护区的管理能力。

1.4　主要利益相关方

1）中央政府部门，包括原环境保护部、原国家林业局，其中原环境保护部是生物多样性保护、自然保护区监管和《生物多样性公约》履约主要负责部门；原国家林业局是中国大多数自然保护区的责任部门。

2）省级政府部门，主要包括原四川省环保局、原四川省林业厅，以及农业、矿产、建筑、交通和旅游等政府部门，是项目主要受益群体。

3）非政府组织，包括世界自然基金会、大自然保护协会、山水自然保护中心、美国高山研究所等合作伙伴，将在项目实施期间提供现金与实物配套。

4）科研院所、高校，包括中国科学院成都生物研究所、中国科学院成都山地灾害与环境研究所、四川省环境保护科学研究院、四川大学、四川省环境监测中心站、四川省野生动物资源调查保护管理站、四川省自然资源科学研究院等科研院所、高校，将为项目提供技术支持。

5）项目指定机构：联合国开发计划署，按照联合国计划署、全球环境基金项目管理规程监测评估项目实施进程。

6）中央项目实施单位：原环境保护部环境保护对外合作中心，《项目文件》签署单位，为原四川省环保厅实施项目提供指导与支持；是项目实施的中央协调机构。

7）地方项目实施单位：原四川省环境保护厅是四川省内实施机构，由其委托原四川省环境保护对外经济合作服务中心负责项目的具体组织实施。

1.5　项目实施区域

汶川地震保护应急项目实施范围涉及四川省 6 个地区，包括阿坝藏族羌族自治州、德阳市、绵阳市、广元市、成都市和雅安市，覆盖面积 125 000 km²，占四川省总面积的 27%，其中 29 个重灾市县是项目主要关注点。

2 项目管理与组织实施

2.1 项目管理安排

为加强指导与监督管理，推动项目顺利实施，原四川省环保厅与原环境保护部环境保护对外合作中心签订《四川省汶川地震灾区生物多样性保护应急对策项目委托实施协议》，成立了项目协调管理与执行机构，组织相关部门和单位召开系列项目工作、技术研讨会，实施项目活动。同时结合《联合国开发计划署国家项目管理手册》与国内相关管理制度，制定了《四川汶川地震保护应急项目管理规定暂行办法》。

成立的项目协调管理与执行机构如下。

1）成立"汶川地震保护应急项目"省级地方指导委员会，负责监管、指导项目管理与实施，以及与其他合作伙伴的协调与沟通。成员包括原四川省环保厅、原环境保护部环境保护对外合作中心、联合国开发计划署、原四川省林业厅、国家发展改革委、财政厅、原国土资源局、建设局、水利局、原国家林业局、原农业局、原旅游局，以及世界自然基金会、大自然保护协会、保护国际、山水自然保护中心等非政府组织；原四川省环保厅委派 1 名厅级领导兼任项目指导委员会主任。

2）设立"汶川地震保护应急项目"管理办公室，设在原四川省环境保护对外经济合作服务中心，负责项目实施的日常管理；项目办设项目经理、首席技术顾问各 1 名。

3）成立项目咨询专家小组，为项目实施提供技术支持。成员来自中科院成都山地灾害与环境研究所、中科院成都生物所、四川省环境保护科学研究院、四川省林业科学研究院、四川省林业勘查规划设计研究院、四川省自然资源科学研究院、四川师范大学、四川大学、世界自然基金会、美国高山研究所、山水自然保护中心、大自然保护协会等单位。

2.2 项目监督评估

项目指导委员主要担负实施指导与监管职责。中央项目实施单位原环境保护部环境保护对外合作中心、地方项目实施单位原四川省环保厅以及项目办负责实施阶段的具体监管，项目办通过项目启动报告、季度进度报告、年度报告、项目实施报告、终期报告等方式向原环境保护部环境保护对外合作中心、联合国开发计划署及时简要汇报项目实施进度、存在的问题与难点，以及解决建议与方案。联合国开发计划署在项目实施期委托第三方于 2011 年 12 月对项目进行了终期评估。

3　主要成果

汶川地震保护应急项目围绕震后生态风险评估、在灾后重建与整体规划中纳入生物多样性、恢复保护区管理能力、提高管理人员及社区民众保护意识等方面内容，开展了调查、评估、规划、宣传等系列活动，取得了系列重要成果，对灾区灾后恢复重建中实现生物多样性主流化、降低生物多样性所受威胁，产生了积极效果与影响，有力地促进了灾区以及四川省全省的生物多样性保护工作开展。

3.1　弥补地震对生物多样性影响和震后生物多样性风险知识与信息

一是完成《四川省汶川地震灾区生物多样性调查与风险评估》报告，弥补了震后生物多样性现状信息的不足，为灾区物种栖息地恢复与种群保护提供决策依据；二是对震后灾区 10 个关键物种栖息地现状开展实地调查，评估其所受的潜在威胁与风险，并提出相应保护对策；三是评估了 8 个国家级自然保护区基础设施损坏情况，以及周边社区生计调查评估，提出减少周边社区生计对保护区影响的措施；四是评价了地震对大熊猫栖息地及栖息地生态系统影响，对 20 个社区开展了灾害影响评估，并提出社区灾后重建建议。

3.2　将生物多样性保护目标纳入恢复与重建总体规划

一是编制了《四川汶川地震灾区生态功能区划》，在评估灾区生态功能的基础上，提出灾区生态功能保护区建议，将灾区分成 9 个生态功能区；并基于此区分出 4 个灾区生态保护重要性分区，明确了地震后灾区生物多样性与生态系统功能保护的空间格局和建设重点，为灾区重建提供技术支撑。

二是重新修编了《四川灾区生态恢复与重建规划》，增加了与灾区生物多样性保护相关的重建内容，为各部门开展灾后重建提供指引，使其在制定各项政策和实施相关项目时更加注重对生物多样性的保护。

三是编印了《地震灾区恢复与重建中生物多样性保护技术指南》《地震灾区乡村生态家园恢复与重建指南》《地震灾区生物多样性保护知识培训材料》《震后生物多样性保护社区宣传册》等宣传培训材料，并进行了广泛宣传，提升了灾区决策者、管理者、民众对生物多样性重要性的认识。

四是对重建规划的规划人员、管理人员和工作人员约 250 人进行了生物多样性友好措施和技术培训，向灾区人民宣讲生物多样性保护价值与意义；邀请中央电视台开展雅安市宝兴县生物多样性专题采访，制作了《四川省生物多样性战略与行动计划》宣传片，并在中央电视台新闻频道播出。

3.3　提高减灾和震后恢复重建过程中的生物多样性监测能力

一是编制了《地震灾区生态监测技术规程》（以下简称"规程"）、《震后恢复重建中生态监测和评估示范实施方案》，并在灾区绵阳和都江堰 2 个环境监测站实施；二是为绵阳和都江堰 2 个环境监测站购置生态及生物多样性监测设备金额达 130 万元，培训人员 12 人，使其具有了生态与环境监测能力，并基于此完成了灾后第一份《震后恢复重建中示范区生态环境监测与评估报告》；三是为灾区 15 个自然保护区配置了计算机及影像设备，为龙溪—虹口、鞍子河保护区保护站购买监测及办公设备，支持保护区的灾后恢复与重建工作。

3.4　提出保护区系统重建优先行动框架，指导政府和国际社会投资

一是编制了《四川汶川地震灾区自然保护区系统重建优先行动计划框架》，规划了 9 个行动计划，28 个工程项目，计划总投资 5 870 万元；二是更新完善《四川省生物多样性战略与行动计划》，增加地震灾区生物多样性保护内容，并按程序报经四川省政府发布实施。

3.5　恢复位于灾区的 2 个自然保护区管理能力

一是以四姑娘山、唐家河自然保护区为震后恢复示范点，分别编制了四姑娘山、唐家河《自然保护区管理能力恢复优先行动计划》，并根据计划及急需设备材料清单购置 22 万美元的监测设备；二是梳理总结生物多样性应急保护方法经验和教训，编制出版了《震后生物多样性保护应急措施中的经验和教训》宣传手册；三是编制出版了中国首部地震生物多样性保护应急手册《汶川地震生物多样性保护应急经验与教训》；四是协同合作伙伴美国高山研究所，为四川省平武县和汶川县各购置了一台节能制砖机，协同合作伙伴山水自然保护中心建立了 5 个基于文化保护的社区重建安置试点，为社区村民组织实用技能与生态保护培训，成为社区组织能力恢复和社区参与

生态保护方面的典范。

4　实施经验

4.1　对灾区生物多样性重要性的认识高度一致是项目成功实施的前提

四川省是我国生物多样性丰富大省，是全球生物多样性热点地区之一，具有重要的全球意义，特别是以熊猫等旗舰物种为代表的特有种，享誉全球。地震以及灾后重建过程如何恢复与保护生物多样性、降低对生物多样性的威胁，引起了国际、国内相关组织、政府部门、社会各界的高度关注。这也促使全球环境基金、国内相关政府部门、地方政府，以及联合国机构和参与项目的非政府组织迅速达成共识，并为项目立项、申请、审批核准开辟了绿色快速审批通道，保障项目产出能够及时支持灾后重建工作。

正是对灾区生物多样性重要性认识的高度一致，使得具体实施单位项目管理人员，各科研院所、高校以及非政府组织等20余家技术支持单位人员，冒着震后次生灾害风险进行大量野外实地调查、评估、组织培训、发放设备及宣传材料，对灾区生态恢复与重建工作进行科学规划，全面、全力支持恢复与重建工作。其间，项目也获得了地方政府部门、社区居民的认可与大力支持，一些灾区村民还自发组织了巡逻队，在专业培训后多次完成了附近山地的动植物受损情况调查。

4.2　多方有效协调配合是项目顺利实施的关键

本项目是一个短期应急型项目，涉及众多政府管理部门、技术支持单位，协调组织与配合是成功实施的关键。项目从设计到组织实施，得到了包括中央政府相关部门、国际机构组织、地方政府、科研院所、非政府组织以及灾区相关部门的大力支持与紧密配合，实现了迅速达成共识、快速立项。项目实施过程中，项目通过成立不同工作小组，如项目工作协调领导小组、项目管理办公室、咨询专家组、执行专家组，以及设备采购招标委员会等临时性项目实施与支持机构，采取会议、简报、请示等各种形式密切联系各相关方，协调沟通解决项目执行中遇到的问题和困难，实现了各领域专家积极提供工作研究积累成果、献策献智，各任务承担方成果、资料、信息共享。通过有效组织、资源有效整合与安排，为项目顺利实施提供了组织协调保障，实现了"花小钱，办大事"，有力高效地支持了灾后重建工作。

4.3 产出设计符合灾后重建需求，是成果得到广泛推广与应用的基础

项目在设计初期，就对灾后恢复重建中的生物多样性保护进行了认真综合分析，准确甄别出生物多样性信息缺失、震后生物多样性保护关注度不够以及管理能力不足三个亟须解决的问题，并围绕识别出的问题开展项目活动，取得了积极、影响可持续的众多产出，及时支持了灾后恢复重建工作中的生物多样性保护，成果得到广泛推广与应用。项目产出《四川汶川地震灾区生态功能区划》支持了《四川灾区生态恢复与重建规划》的修编，同时该评估和规划方法得到了原四川省环保厅的认可，在四川省其他地区生态功能区建设规划中得到了推广与应用，如2012年启动的"四川省生态功能空间分布与保护区规划项目"即采用了该评估与规划方法。

项目产出《规程》是四川省首部生态监测技术规程草案。项目实施期间已在绵阳市、都江堰市环境监测站得到应用。同时该规程也得到了国家环境监测系统的认可，其中提出的综合运用"3S"等空间遥感技术和传统理、化和生物技术相结合的监测方法、技术手段、实施方案和评估体系等受到了高度重视。2009年，四川省环境监测中心站运用上述技术体系，与中国环境监测总站合作开展了"5·12"汶川地震灾区生态环境影响评估，掌握了全国环境监测部门唯一一套第一时间内完成定量、全面、系统、覆盖四川省全部51个灾区县（市、区）的生态遥感解译矢量数据库，具有很高的学术和应用价值，支持了决策与管理。此外，《规程》在四川灾区所取得经验，如监测方法、监测内容和监测频率等也为2010年青海玉树地震灾后环境监测应急工作提供了借鉴。

4.4 积极宣传，提高管护能力和居民保护意识

项目积极采取各种形式组织宣传培训活动，发放《地震灾区生物多样性保护知识培训材料》《震后生物多样性保护社区宣传册》《地震灾区恢复与重建中生物多样性保护技术指南》《地震灾区乡村生态家园恢复与重建指南》等材料；还通过社区知识问答互动、调查问卷，邀请中央电视台进行专访等形式开展宣传，大大增强了保护区管护人员的能力，提升了周边社区群众对生物多样性价值的认识，促进了灾后恢复重建规划以及其他相关规划中对生物多样性保护的关注度。

例如，在平武县关坝村，培训前，当地群众养蜂知识不足，只注重养，而不注意保护关注蜜源植物、水资源和野生动物，蜂蜜产量低、品质差。系列培训后，群众自发组织巡护制止污染水资源、伤害蜜源植物和野生动物的行为，还制定了保护生物资源村规民约。蜂蜜产量从过去的3 000～3 500 kg提高到了9 000～15 000 kg，品质也得到了提

升，价格由原来的 16～24 元/kg 提高到 40～50 元/kg，收入增加，群众保护野生资源的积极性得到极大提高，转变了当地群众与管理部门的保护理念与意识。

再如，项目之前的生物多样性保护工作主要聚焦在自然保护区，保护区以外及周边区域不受重视。通过本项目宣传和培训，灾区相关资源管理部门及保护区周边和生物多样性丰富地区的群众，普遍认识到了生物多样性的价值及其与百姓生活生产的密切关系，促进了在灾后恢复与重建规划以及其他相关规划中纳入生物多样性因素。生态和生物多样性保护内容在灾区基础设施建设过程中得到重视，相关建设规划宁愿多投入些资金，也要尽可能地避开生态保护区和敏感区。生物多样性保护意识已逐步纳入了政府管理决策，走进了社会，走进了群众。

第九章

干旱生态系统土地退化防治伙伴关系项目

干旱生态系统土地退化防治伙伴关系项目（以下简称"伙伴关系项目"），是中国政府与全球环境基金在土地退化领域共同发起的第一个伙伴关系框架项目，旨在通过防止和遏制中国西部干旱地区生态系统的土地退化，缓解贫困、恢复干旱生态系统，促进西部地区的可持续发展和全球环境保护。此伙伴关系基于 2002 年 10 月在北京召开的全球环境基金第 2 届成员国大会及理事会上批准的 10 年期（2003—2012 年）土地退化防治国家规划框架开展工作。

在此伙伴关系框架下，2004 年 7 月土地退化防治能力建设项目启动，截至 2009 年 12 月结束；并在此项目基础上，于 2010 年 5 月又启动了土地退化防治管理与政策支持伙伴关系项目，截至 2013 年结束。均由亚洲开发银行（以下简称"亚行"）作为项目指定机构，原国家林业局为中央项目实施单位，原国家林业局科技管理司负责具体组织实施。除这 2 个核心项目外，伙伴关系框架下还有甘肃、新疆草原发展项目，宁夏综合生态系统与农业发展项目，西北 3 省区林业生态发展项目，综合生态系统管理方法干旱生态系统生物多样性保护项目，艾比湖流域可持续管理和生物多样性保护项目，以及贫困农村地区可持续发展项目六个分项目。伙伴关系项目总投资 7.48 亿美元，其中全球环境基金赠款 4 237.00 万美元，亚行、世界银行集团、国际农业发展基金等国际机构贷款 3.70 亿美元，政府、企业和农户等配套资金约为 3.36 亿美元。

1 项目概述

1.1 项目背景

土地是人类生存之本、财富之源。受自然与人为因素的交替影响，全球土地退化趋势仍在加剧，严重危及人类生存与发展。在全球气候变化大背景下，干旱生态系统土地退化防治工作受到国际社会和各国政府广泛关注与高度重视。开展干旱生态系统土地退化防治实践，逐步恢复土地生态系统原有生产潜力，增强其减缓、适应气候变化能力，是维护生态安全，改善民生福祉，实现资源环境与经济社会可持续发展的必然战略选择。

当前，全球荒漠化每年造成直接经济损失达 420 多亿美元。全球荒漠化土地面积达 3 600.00 万 km²，110 多个国家和地区的 15 亿人口受到荒漠化影响；全球 30% 的灌溉农地、47% 的非灌溉农地和 73% 的牧场存在荒漠化现象。中国是发展中国家中荒漠化面积最大、受影响人数最多、防治成绩最显著的国家。根据原国家林业局第五次监测数据（2015年），我国荒漠化土地面积达 261.16 万 km²，占国土总面积的 27.20%，主要分布在新疆、内蒙古、西藏、甘肃、青海 5 个省（自治区），占全国荒漠化土地总面积的 95.64%。沙化土地有 172.12 万 km²，占国土总面积的 17.93%；也主要分布在新疆、内蒙古、西藏、青海、甘肃 5 个省（自治区），占全国沙化土地总面积的 93.95%。

土地退化是当前我国最严重的生态问题之一，是推进农业农村可持续发展、实现乡村振兴的重要制约因素，建设生态文明、实现美丽中国，必须持续加强加快土地退化防治工作。在伙伴关系项目立项之初，因土地退化而在中国西部干旱半干旱生态系统地区引起的生态脆弱和贫困问题已经非常严重，且有愈演愈烈之势。据当时数据统计，西部几乎有一半地区发生中度至强度土地退化，27% 的土地遭受风蚀，16% 的土地遭受水蚀，10% 的土地发生荒漠化。恢复西部地区脆弱生态环境和治理破碎的生态系统，是重要且紧迫的任务。我国政府非常重视土地退化防治，特别是在 1999 年实施西部大开发战略之后，大幅增加投入力度，先后采取了退耕还林、退牧还草、保护性耕作等一系列恢复、保护生态环境的大规模行动，在一定程度上缓解，改善了西部土地退化趋势，取得了较为显著的治理成效。

在此背景下，在亚行支持下，中国政府与全球环境基金在土地退化领域共同发起了伙伴关系项目。

1.2　项目目标

伙伴关系是一个 10 年期（2003—2012 年）的国家规划管理框架，旨在通过支持运用综合生态系统管理（Integrated Ecosystem Management，IEM）理念与方法，在中国西部地区建立跨部门、跨行业、跨区域的可持续自然资源管理框架，实现法律、规划、政策及落地行动的有机协调，减少贫困、抑制土地退化和恢复干旱生态系统，帮助政府有效管理，促进土地退化问题的解决和经济、社会及生态的可持续发展，同时促进生物多样性保护，产生全球效益。

1.3 预期成果

1）通过项目实施省（区）IEM 土地退化防治战略和行动计划在国民经济发展规划和部门发展规划中的融入，传播和实施综合生态系统管理理念与方法，实现西部地区土地资源的可持续管理；通过召开国内外研讨会、现场观摩及经验交流等形式，总结推广示范点土地退化防治项目经验，加大中国西部地区土地退化防治力度，推动土地退化防治和可持续管理技术与模式的全球共享。

2）通过植被碳汇案例研究，分析研究青海、甘肃两省土地退化对植被固碳的影响与对应措施；通过土地退化效益研究，建立适合中国西部地区的土地退化治理成本效益分析方法，实现生态治理和农民增收的双赢目标；通过公—私伙伴关系研究，建立有效的公—私伙伴关系方法体系、融资模式，实现土地退化防治管理的可持续；通过生态公益林和流域生态补偿研究，建立案例点生态补偿机制，强化其在可持续土地管理中的重要作用，提高利益相关者对生态补偿的认知和参与设计能力。

3）通过多部门土地退化综合评价研究，建立土地退化监测与评价指标体系，为土地退化管理与防治提供科学依据；通过区域性土地退化综合监测与评价示范，掌握土地退化的影响因素，提高社区及土地使用者的参与治理能力和评价能力；通过建设 IEM 信息中心，深化土地退化监测与评价数据协调与共享网络机制，为决策提供支撑。

4）充分发挥中央项目办和省（自治区）项目办的职能，加强中国—全球环境基金土地退化防治伙伴关系以及与相关利益单位的合作与协调，顺利推进各项活动并取得丰硕成果。

1.4 主要利益相关方

本项目的主要利益相关方包括财政部、全国人大法工委、国家发展和改革委员会、科技部、原国土资源部、水利部、原农业部、原环境保护部、原国家林业局、国务院法制办等政府部门，亚行等国际机构，中国科学院学术机构等，成立项目指导委员会、项目协调办公室和项目执行办公室，各省（自治区）相关部门和单位也设立相应的项目管理机构。亚行是项目指定机构。

1.5 项目实施区域

伙伴关系项目选择内蒙古、陕西、甘肃、宁夏、青海、新疆 6 个省（自治区）所属县（旗、区）为主要实施区，共计 227 个县（市、区、自然保护区）。

2　项目管理设置与实施

　　伙伴关系项目在中央层面采用 3 级组织管理架构（图 9-1）。中央层面由财政部牵头，全国人大法工委、国家发展和改革委员会、科技部、原国土资源部、水利部、原农业部、原环保部、原国家林业局、国务院法制办和中国科学院等组成项目指导委员会，在财政部设立中央项目协调办公室、在原国家林业局设立中央项目执行办公室。

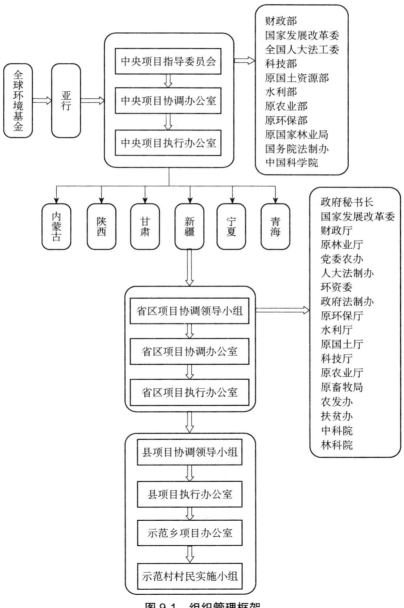

图 9-1　组织管理框架

中央项目指导委员会负责项目重大决策，并为项目实施提供宏观指导，帮助解决跨部门的协调问题；由时任全国政协人口资源环境委员会副主任、中国林科院院长江泽慧任主任，财政部国际司司长担任副主任并兼任中央项目协调办公室主任。中央项目协调办公室向指导委员会负责，并负责国际机构联络，协调中央部委，指导执行办公室工作，监督项目实施进度；原国家林业局副局长任协调办公室副主任。中央项目执行办公室负责项目的具体组织实施及日常管理工作，原国家林业局科技司副司长任主任。

在省级层面，与中央项目管理架构相对应，6 个项目省（区）分别设立了由多个部门和单位参与的协调领导小组，分管副省长或副主席任主任；协调办设在财政厅，主管副厅长任主任，负责协调与其他业务厅局的工作；执行办设在原林业厅，业务主管副厅长任主任，具体负责项目省内的组织安排和执行等具体工作。

在项目县层面，成立了由业务主管副县长任组长，林业、农业、财政、水利、交通、畜牧等相关部门组成的项目协调领导小组，在县林业局设县项目执行办公室。项目乡镇政府成立项目办，并在示范村成立项目实施小组，负责最基层的项目落地与实施。为做好示范点建设，省（区）项目执行办与县项目办、县项目办与示范村分别签订《示范点建设委托协议》，明确任务、目标、责任、进度与资金等具体示范点活动相关事项。

3 主要成果

伙伴关系 2 个核心项目及其框架下的分项目，在中国西部 6 个省（自治区）示范运用 IEM 理念与方法，实施了土地保护性耕作、农田防护基础设施建设、林地治理、草场退化防治和新能源利用示范应用等系列土地退化防治活动，以及生物多样性保护、村庄环境整治和新技术推广活动等，在 313 个项目村采用了 189 项新技术，并在 932 个非项目村进行推广。项目活动实现了项目预期，取得了良好的生态、经济和社会效益，促进了荒漠化土地防治、生物多样性保护、气候变化政策主流化的同时，也改善了农牧民生计，从项目中直接受益的农牧民至少有 286.9 万户。随着项目理念及示范经验的推广，在中国西部地区也产生了一系列带动效应。

3.1 成功应用生态系统综合管理理念，有效促进政策与法规及部门协同

应用并推广 IEM 理念，是伙伴关系项目既定目标，也是指导活动开展的方法。IEM 理念是对自然资源和自然环境进行可持续管理的一种综合管理战略和方法，是指在自然

生态系统管理过程中，为维持或恢复自然生态系统的整体功能与状态，"综合考虑社会、经济、自然（包括环境、资源和生物等）的需要和价值，采用多学科的知识和方法，运用行政的、市场的和社会的综合协调调整机制，来解决资源利用、生态保护和生态退化问题，以达到创造和实现经济的、社会的和环境的多元惠益，实现人与自然和谐共处"，其最终目标就是建立一种跨部门、行业和区域的综合管理体系。"IEM"这一概念，来自1998年《生物多样性公约》第四次缔约方大会；2000年第五次缔约方大会通过第 V/6 号决定《生态系统方式》，对其内容进行了界定，并从利益相关者确定、管理机构设立、管理目标制定、管理方法选择等方面，提出了 12 项原则。全球环境基金则把 IEM 作为一项业务规划，并通过项目予以实施和保证，它从整体上要求在制定国家相关规划时，要基于生态环境的整体性综合考虑、权衡自然生态系统各种因素间的相互关系，并通过建立相关利益方参与的伙伴合作关系，以实现跨部门、跨区域以及跨行业的综合管理，以及政策、法律、规划与行动等的有机协调、统一。

伙伴关系项目的实施，使得 IEM 理念已经融入日常管理决策，并指导与土地退化治理相关的法律、法规和政策的评估、修订或新编全过程，以及相关的环境教育活动。如在 IEM 理念方法指导下，6 个项目省（自治区）组织林业、水利、农业、国土资源、环境、水土保持等领域专家学者，提出了 19 项法规政策评价指标，对各项目省（自治区）相关 9 个领域的政策法规进行了评估，相应指导编制了各项目省（自治区）土地综合防治战略与行动计划、整合建立了各项目省（自治区）土地退化防治 IEM 信息中心等，将过去封闭、分散的数据文献和图像资料进行系统整合，统一建库形成网络平台，并以协议形式实现共享。同时，为了让政府管理人员在决策时应用 IEM 理念、农牧民及中小学生的日常生产生活中具有环境友好意识、践行环境友好行为，开展了大量的环境教育培训。其间，各省（自治区）举行环境教育活动近千次，参加人数约 19 万人次。

通过运用 IEM 理念与方法，将相关因素整合纳入生态系统管理，解决了部门分割、信息封闭、活动重复等问题，促进了各项目省土地退化防治法规政策体系的完善与部门协调，使土地退化防治工作模式更为综合、系统、有效与可持续，实现了相关法律法规的互治、部门规划与工作安排的互容互补。

3.2　荒漠化土地防治效果显著，生态效益突出

伙伴关系框架项目实施区域中的 56 个样本县统计数据表明，项目实施期间仅 56 个样本县就有 852.20 km² 荒漠化土地采取了治理措施，其中 320.00km² 达到治理目标，达标率为 37.56%，516.80 km² 得以减轻，治理见效率为 98.2%。通过荒漠化治理，项目区村容村貌发生良性改变，水土流失得以缓解或显著下降，草原退化得到有效防治；草地

植物种数、盖度、高度、密度显著改善，轮牧草地产量显著增加，取得了显著的生态效益。

3.3 有效探索绿色发展模式，农牧民生计得到改善

伙伴关系项目在实施过程中，不仅开展了系列土地荒漠化防治技术与防治模式创新活动，同时也在探索实践绿色经济发展模式，实现了土地退化防治与农牧民增收双赢效益，有效改善了农牧民生计，提高了示范地居民的参与积极性，并形成良性循环与示范效应。例如，通过支持甘肃定西安定区项目户种植优良牧草，提高出栏率，户购买饲草支出年均减少 2 650 元；通过改善种养结合方式，融入循环利用和小流域综合环境治理理念，实现甘肃省崆峒区项目村土地肥力的增加和土地退化的减缓，同时农牧民收入水平也得以改善。项目 6 个省（自治区）18 个示范点农牧民收入显著提高；2010 年与 2005 年相比，示范点农牧民人均纯收入增加 103%，而 6 个省（自治区）农牧民人均纯收入仅增加 85%，示范点人均收入增加近 20%。

3.4 有效促进生物多样性保护，提升管理水平

伙伴关系框架项目及其分项目在物种、生态系统、国际重要生态保护区等方面开展了系列实践活动，并将 IEM 理念与方法在自然保护区的管理实践中广泛应用。仅项目实施的 10 年期间，就直接推动新建 8 个保护区，扩大保护区面积 4 500 km²，有效保护了 2 079 种野生植物物种和 679 种野生动物物种，项目实施区的森林、草原、湿地及荒漠生态系统，以及西北地区特有的抗寒抗旱物种及基因等。在甘肃、新疆采用的轮牧、休牧、草场产权制度改革等措施，有效减轻了草原放牧压力，有力保护了草原生物多样性；在某示范点的草地植物种数由项目实施前的 43 种增加到 63 种；植物生物量也明显增加。示范保护区管护机构的管理水平得到明显提升。

3.5 新增固碳，降低碳排放，积极应对全球气候变化

根据对项目省区示范县中的 56 个样本县统计核算结果，样本县修建沼气池 18 982 个，购置太阳能灶 2 418 个、安装太阳能热水器 10 235 个，可以年替代煤炭 1.5 万 t 标准煤，实现年减少碳排放量 70.5 万 t；通过在样本县新增保护地 22.5 万 hm²，实现新增固碳量 53.0 万 t。根据核算，伙伴关系全部项目在西北 6 个省（自治区）项目县开展的活动，使得项目县森林固碳量年均新增 1 437.6 万 t、牧草地固碳量年均新增 604.7 万 t，有效提升了项目实施省区的碳汇能力，实现了预期全球环境效益。

4 实施经验

4.1 各级领导重视、部门齐力协作，为项目顺利实施奠定基础

伙伴关系项目的中央管理组织架构，以及分项目在 6 个省（自治区）的组织实施设置，充分体现了各级领导对土地退化防治工作的重视。中央层面成立了 11 部委和单位组成的项目指导委员会，时任全国政协人口资源环境委员会副主任、中国林科院院长江泽慧担任主任；并成立由财政部、原国家林业局分别负责的项目协调办公室、项目执行办公室，负责项目具体实施工作。省级层面，6 个项目省（自治区）均成立了由分管副省长/主席分别担任组长、多部门参与的协调领导小组，以及相应的省项目协调办、执行办；项目县成立了由副县长为组长、相关部门为成员的项目协调领导小组和相应的项目办公室；示范点所在乡镇、示范村也分别成立了项目办与村实施小组。

土地退化防治工作并非单纯的土地问题，而是涉及社区发展、土体利用、贫困消除、生物多样性保护等多种问题，农业、林业、国土和环境等多部门，跨领域和跨管理层的问题。因而伙伴关系项目是一个跨部门的综合项目，从中央到地方各级政府领导的重视，特别是业务主管领导亲自挂帅，多部门参与，使项目管理得到了有力加强。在此机制下，通过定期、不定期召开项目指导委员会、协调办、执行办和项目成员单位会议，很好地解决了实施过程中的有关问题，有力促进了部门沟通和协调，为项目顺利实施、多部门密切配合提供了有力的协调保障。

4.2 建立多层次伙伴关系，有效促进交流协作

10 年来，通过伙伴关系框架 8 个项目的实施，形成了稳定的多层次伙伴关系与协作机制。伙伴关系已经成为土地退化防治利益相关方的交流、协作以及资源信息的共享平台：中央政府部门与全球环境基金、亚行等国际合作机构，中央与地方，框架项目之间及其与其他相关项目，政府与非政府组织、政府与企业，诸如此等彼此相连、互相影响、互相协作的多层次的伙伴关系，形成了纵横协调与资源信息共享网络。这种多层次的伙伴关系网络，增加了协作机会，降低了协作共享成本，提升了协作效果，促进了配合与交流。如政府部门伙伴关系的建立就直接提高了政府部门之间的交流频度、合作深度和信息分享交流宽度，促进各个部门为实现同一目标而各尽其能、形成合力，工作配合且高效。再如，通过建立公—私伙伴关系，调动了私营部门参与土地退化防治的积极性，仅在甘肃省平凉市崆峒项目实施区采用公私伙伴关系融资模式，就以 2 627.2 万元的政府投入吸引了私营部门投资 4.5 亿元，大大拓展了融资渠道，为土地退化防治工作提供

了有力支持。

4.3　建立数据信息共享机制，提高利用效率，支持管理决策

伙伴关系项目的一项重要内容就是建立土地退化数据共享协调机制。通过建立综合且有协调功能的土地退化监测与评估体系，改变部门信息分割现状，为防治土地退化与管理决策提供科学支撑与依据。为提高项目省（自治区）土地退化监测、评价及综合分析决策管理能力，实现土地退化信息共享，各项目省（自治区）组织农业、林业、水利、国土资源等相关厅局共同签署了《综合生态系统管理信息中心数据共享协议》，成立了IEM信息中心，建立了土地退化专题空间数据库；相关厅局按照共享协议要求，分享数据，并按需享有因此共享带来的信息获取便利。此类跨行业、跨部门的土地退化数据共享机制，较大程度地满足了各方对土地退化数据和信息的需求，大大提高了原有信息资源的利用效率、土地退化防治决策的科学性和合理性。如组织新疆维吾尔自治区发展和改革委员会、财政厅、原环保厅、原林业厅及国土等14个区项目领导小组成员单位共同签署了《土地退化防治数据共享协议》；依托新疆林科院建立了IEM信息中心，完成了包括土地荒漠化、水土流失、草地退化、水资源退化、农田土壤污染等土地退化相关数据的收集整理及数据库建设工作，编制了22幅全疆土地退化相关图件，建立了自治区土地退化防治综合生态系统管理系统，并实现了三维影像管理、网上发布推送等功能，为自治区土地退化防治工作及示范区效益监测提供全方位支持。

4.4　采取参与式方法，调动农牧民参与积极性

采取参与式工作方法，确立农牧民在土地退化防治中的主人翁地位，大大提高村民参与的主动性与积极性。一是采取参与式方法编制村实施规划及实施情况评估。据统计，伙伴关系项目有464个村规划编制、203个村规划实施评估采取了参与式方法，并将参与式方法推广到项目区其他289个村。二是开展参与式土地退化监测评价。使培训项目实施区农民掌握土地变化监测方法、工具和步骤，指导村民对自己生存的环境进行监测，并对监测数据及存在的问题进行评价，提高村民自我评价能力。据调查，项目实施区有146个村展开了参与式监测评价活动。

鼓励社区农牧民参与规划、实施、监测、评估的全过程，给予农民更多的知情权、参与权、决策权，把农牧民真正视为项目的主体和中心，时时处处尊重并平等对待他们，充分尊重群众意愿，这样既提高了农牧民认知，也调动了其参与土地退化防治工作的积极性。

4.5　创办农民田间学校，提高农牧民协作决策能力

伙伴关系项目在实施期间共创办了 144 所农民田间学校，累计开展 1 665 次培训，9.4 万人次参加学习。农民田间学校是以农民为中心，以田间为课堂，以启发式、参与式、互动式为特点，让农民自己发现问题并解决问题。如青海省湟源县在充分征求和听取了社区群众意见后，分别在上、下胡丹村组建了湟源历史上的第一个农民田间学校，针对村民在增产增收和种植结构调整中遇到的突出问题，多次组织温棚搭建、双孢菇菌种培育和管理技术、农作物病虫害防治，以及木板床养猪、种猪示范等增产增收技术培训、交流活动；活动取得了积极效果，起到了引导示范作用。农民体检学校教育活动从农民面临的实际问题入手，将科学技术与乡土知识相结合，培养了一批懂技术、善管理、会经营的乡土专家，提高了农民的综合素质，增强了农民的团队协作意识与群体凝聚力，开发了农民潜在智能，提高了农民的决策能力和土地退化防治能力。

第十章

全球环境基金项目在中国农村地区实施管理机制

良好的管理机制是项目顺利实施的根本保障。本章将从机构设置、利益相关方、资金机制、监督和评估、宣传和推广、适应性调整、主要影响七个方面全面梳理全球环境基金的管理机制。

1 机构设置

全球环境基金项目指定机构（以下简称"项目指定机构"），是指由全球环境基金指定的，帮助受援国等申请和实施全球环境基金赠款项目的机构。目前，其包括世界银行、联合国开发计划署、联合国环境规划署、联合国工业发展组织、亚洲开发银行、联合国粮农组织、国际农业发展基金会、世界自然基金会、保护国际、世界自然保护联盟、生态环境部对外合作与交流中心等。本书所涉及的在中国农村地区实施的项目指定机构包括联合国开发计划署、联合国环境规划署和亚洲开发银行。国内的项目实施单位包括生态环境部（原环境保护部）、农业农村部（原农业部）、国家林业和草原局（原国家林业局）、四川省生态环境厅（原四川省环境保护厅）、青海省林业厅、河南信阳市政府。

1.1 最高决策机制

项目指导委员会是项目决策的最高机制,有些项目会增加三方评审会参与最高决策。

项目指导委员会由国内具体项目实施单位（如生态环境部、农业农村部、国家林业和草原局等）作为牵头单位，财政部、项目指定机构、相关主要政府机构及其他相关利益方作为成员单位；成员一般包括项目所在行政层级的发展改革委、财政、住房和城乡建设、国土资源等政府部门代表。项目实施单位委任一定领导级别的代表为项目指导委员主任。指导委员会一般每年召开 1 次或 2 次会议。

三方评审会由财政部、项目实施单位以及项目指定机构共同组织召开，每年组织召开 1 次。

项目指导委员会和三方评审会为项目实施提供国家层面的审核、指导与决策；会议是其主要工作形式。

1.2　管理机构

各项目在项目实施单位的牵头组织下，成立了国家项目办公室。国家项目办公室是项目工作的核心组织机构，负责项目的具体组织实施与管理，全环节流程的沟通、协调、部署与落实。国内项目实施单位委任一定级别的代表为国家项目办公室主任。

项目各实施省份（或试点省）设立地方项目办公室，一般是设立在省级对应主管部门，由省级相关部门领导牵头，在国家项目办公室的指导下，负责组织开展活动，并落实项目在本省的示范、推广及其他相关工作。有的还成立了地方项目指导委员会。与国家项目指导委员会类同，地方项目指导委员会主要职能是负责组织协调当地有关部门，为制定地方项目实施方案和相关政策提供指导与咨询，协调落实配套资金，支持项目开展活动。地方项目指导委员会一般由地方主管相关工作的领导任主任，由农业、财政、生态环保、科技、林业、妇联、扶贫办等相关地方政府部门委派代表组成。

1.3　技术层面

成立由首席技术顾问为首、来自各相关领域的国家和地方专家组成的专家技术咨询委员会，为项目实施提供了技术支持。有的项目还成立了地方专家技术咨询委员会。在项目实施过程中，首席技术顾问必须有一段时间全职参与工作，特别是在项目正式启动前后需要进行技术方向的全面指导与把握，之后可兼职参与工作；专家也多选自由相关政府部门推荐的、熟悉政策与管理需求的专家清单。

1.4　财务方面

财政部是我国全球环境基金事务的统一管理部门，负责对我国全球环境基金赠款项目进行统一规划、管理和监督。地方财政部门是地方政府全球环境基金赠款归口管理机构，统一负责本地区全球环境基金赠款项目的全过程管理。国内项目实施单位负责全球环境基金赠款项目的具体实施和管理，在业务上接受同级财政部门的指导和监督。

为规范管理，项目管理办公室需结合项目指定机构财务管理要求，制定符合国家财务管理相关要求的"项目财务管理制度"，以指导项目的日常财务执行与管理。

2　利益相关方

本书所涉及的几个项目的实施均离不开各层次、各行业领域的相关利益方的参与。这些利益相关方均包括国际机构、中央政府、地方政府、金融机构、研究单位、私营企业、社团协会非政府组织、示范或试点区，技术专家，以及农民或社区群众等。

中央层面——由各相关部委组成的项目指导委员会的成员单位，除合力协助制订工作计划、审查项目进度和监督项目活动之外，也发挥其自身的职能，为项目实施提供支持。

地方层面——项目相关省、县、村级相关职能单位以组建地方项目办等形式负责牵头地方层面项目的具体实施活动，地方各级的其他职能部门作为地方项目指导委员会成员审查、监督地方项目的实施进展，相关部门根据自身职能为项目所在地项目的实施提供支持。

科研单位——国内的相关科研院所和高校，作为项目的技术支持力量参与到项目中，为项目实施过程中涉及的技术环节提供全面支持或咨询服务。

私营企业——私营企业作为项目的分包商或利益相关方参与了项目的实施。

技术专家——项目会根据工作重点和不同需要，聘请相关领域的国内外专家，参与包括国家层面和地方层面的项目活动，可短期聘用。

社区群众——本书所涉及的所有项目试点区都是在农村，主要的受益方也是社区群众即农民，同时农民也是最重要的参与方。

3　资金机制

项目均实行国际机构资助，中央和地方政府配套（有的项目中非政府组织、企业也进行了配套），银行提供贷款、个别由农民自筹或投工投劳等多种资源整合方式。出资和配套的方式包括现金和实物。如在"四川汶川地震灾区恢复和重建中生物多样性保护应急对策项目"中，世界自然基金会、大自然保护协会、美国高山研究所等非政府组织提供了实物或资金配套。再如在"淮河源生物多样性保护与可持续利用项目"中，地方社团协会组织信阳市生态保护协会进行了资金配套，农民也通过自筹或投工投劳进行了资金配套。

同时，各项目在实施过程中，也尽可能地整合多种资金，实现协同。如在"节能砖与农村节能建筑市场转化项目"中，甘肃省榆中县为解决资金难题，以推进节能砖项目顺利实施，把能整合的资金都整合起来，集中力量办大事。甘肃省在省墙改基金中拨付了 100 万元作为项目的节能砖补贴；榆中县还规定凡有农户在建设农宅过程中采用节能设施的，每户补助 2 500 元。对于青城镇的改建，兰州市文化局补助了 500 万元，原兰州市旅游局补助了 1 000 万元，县政府补助了 1 000 万元，农户自筹 800 万元。

新疆节能砖项目成功推广的关键是将项目活动与新疆富民安居工程结合到了一起。富民安居工程是国家对新疆实施的一项特殊政策，为新疆农民建房提供补贴。作为解决新疆维吾尔自治区民生领域突出问题的首要工作，该工程自 2010 年开始实施，5 年来总投资 1 152 亿元，其中中央财政补助 147 亿元，自治区财政补助 108 亿元，其余部分通过对口援建、银行贷款、地县筹集、农牧民自筹等方式解决；对南疆三地州农村困难家庭建房使用银行贷款的，自治区财政给予 2 年贴息支持。富民安居工程中，政府出钱给老百姓买一部分建材，节能砖就是政府提供的支持之一。政府统计好农民用砖量之后，直接将砖送到农户家。节能砖的补贴加上富民安居工程的配套，给老百姓的补贴数额就相对较多，再加上不断宣传节能减排理念，农民就更容易接受了。

4　监督和评估

4.1　项目外部实施的监督评估

全球环境基金项目指定机构、项目实施单位，以及项目指导委员会对项目进行监督评估，分为报告、专家独立评估、年度项目指导委员会会议或三方评审会议等常规模式。

1）报告

启动报告：需要项目办公室在项目启动会之后立即准备并提交。该报告包括项目第一年年度工作计划、项目实施第一年的每季度活动组织计划和执行进度。

季度报告：由国家项目办公室在每季度初递交给项目指定机构，简短地报告上一季度项目活动实施情况、财务执行情况，以及其他方面进展情况。

年中报告：国家项目办公室每年 6 月底递交给项目指定机构，核后递至全球环境基金。主要汇报项目从上年 6 月至报告当年 6 月的进展情况、指标实现程度、风险控制与管理、项目变化与调整等内容。

年终报告：由国家项目办公室在每年 1 月向项目指定机构递交，汇报上一年度全年项目活动实施情况、财务情况、风险控制管理、项目监管等内容。

2）专家独立评估

根据全球环境基金和项目指定机构管理要求，项目在实施中期和结束前须分别接受一次评估，即中期、终期评估。由项目指定机构邀请专家组来执行，通常由国际专家、国内专家组成。

3）项目指导委员会会议或三方评审会议

项目每年都会举办项目指导委员会会议或三方评审会议，财政部、项目指定机构及国内项目实施单位、项目指导委员会成员，以及项目示范点省、县等层面的负责人或代表等参会，由国家项目办向与会代表汇报上年度项目实施情况，并提出下一步工作计划及需要讨论的项目事宜；经与会代表讨论，由项目指导委员会会议审定。

4.2 项目内部实施的监督评估

项目内部实施的监督评估分为对分包合同管理和对地方工作管理两个层次。对分包合同管理，包括对单个合同执行期间的各阶段报告、产出的要求，以及不同阶段的进度评估审查要求，以保障产出符合工作大纲和项目预期。对地方工作管理，项目办公室除定期考察跟踪外，还要求各试点地方以省级为单位递交季度及年度报告，汇报该省各点的项目进展、财务状况等问题，以做到对地方项目活动进展情况的及时跟踪和适时指导，必要时须通过组织会议、现场考察调研等方式，实现对示范点项目活动进度的准确把握和及时指导。

5 宣传和推广

5.1 在项目实施点进行宣传和推广

项目在实施过程中，项目实施示范点往往会采用多种方式进行宣传和推广。如在节能砖项目中，政府和项目办向项目实施点的企业和社区群众宣传节能砖的效果和安全性。

1）向农户、工程队和企业宣传。项目办的专家、政府干部先给项目点的村民小组组长或负责人讲解节能砖以及节能建筑的优势，把他们的思想工作做通，然后由他们向每户老百姓讲解。项目组也给工程队做工作，让工程队起到更广泛的宣传和推广作用。同时也向制砖企业宣传节能砖的好处，让企业转变理念。特别是其在村民间的宣传起到了很大的推广作用，那些尚未使用节能砖的农户，通过亲身感受村里已建成的节能砖房屋后，更容易接受节能砖建筑。

2）印发宣传资料。原农业部项目办连续 2 年给项目区居民免费提供节能砖宣传对联，也起到了很好的科普宣传作用。

3）开展培训。在推广节能砖的过程中，新疆伊犁农环站利用冬天农闲时间举办培训班，并充分利用农村集市，为建房的老百姓集中讲解节能砖的优点和好处。针对老百姓对砖的质量的顾虑，给老百姓讲解节能砖的质量和房屋的框架及构造，让他们明白砖在整个房屋的构造中起的不是支撑性作用，打消他们的顾虑；同时，也通过对包工头和农民进行培训，说明了节能砖的作用和建筑方法。

5.2　在项目实施点外进行宣传和推广

在项目实施点外，项目也积极采用多种方式进行宣传。

1）电视报纸宣传。如在野生近缘植物项目中，国家项目办委托 CCTV-10《探索发现》栏目制作《良种之战》3 集专题片，省项目办也在第一时间要求省项目办和示范点项目领导小组全体人员收看，并进行推广。在淮河源生物多样性保护与可持续利用项目中，项目成果在《中国环境报》上进行报道，并由中国环境报社影视中心策划制作了《全球环境基金/联合国开发计划署淮河源生物多样性保护与可持续利用项目专题片》。这些宣传工作的开展有效促进了淮河源项目成果及经验在国家层面以及全国的宣传与推广。

2）建立学习网站。如在淮河源项目中，项目办建立了"中国—淮河源"网站，宣传淮河源生物多样性保护与可持续利用项目内容，推广生物多样性知识，报道项目实施过程的重要活动，总结示范点实施过程中取得的经验，让生态保护部门的工作者、淮河源区域的群众，以及其他对此类项目内容感兴趣的群体也分享到了项目的产出/成果。

3）举办论坛。如甘肃洮河流域项目，实施期间举办了洮河论坛和保护区论坛，为利益相关方提供了交流看法、发表观点和商讨工作的平台。

6　适应性调整

中国幅员辽阔、人口众多、地区差异极大，并且经济、政策、管理架构、社会形态及管理理念都在发生迅速的变化。这些变化使项目的设计、规划、实施面临着巨大的挑战，适应性管理就成为项目成功实施的必不可少的管理手段。在项目执行过程中，为了保证项目正常、顺利的实施，各项目办汲取以往经验，根据管理政策与需求变化，采取多种针对性的措施和办法，对项目活动内容进行及时调整，一方面确保了项目成果的取得和目标的实现；另一方面使成果满足管理所在地需求，保障了项目成果及影响的可持续性。项目实施中遇到的问题和应对措施包括以下几点。

6.1 项目实施周期调整

如在野生近缘植物项目执行过程中，干旱、水灾等自然灾害影响了部分保护点激励机制建设的进度。为减少自然灾害对项目进度的影响，采取边建设、边总结经验、边推广的策略，已经建成的保护点及时总结经验，并根据保护点选点及实施经验，及时开展推广点筛选与相关准备工作。同时为了确保项目成果实现，经申请批准，将项目实施周期比原设计延长半年，由原定的 2013 年 6 月结束延至 2013 年 12 月。从而争取到了充裕的活动组织实施时间，使受到自然灾害影响的保护点能够有条不紊地按照原活动计划内容完成，实现既定产出目标和预期效果。

再如，淮河源生物多样性保护与可持续利用项目在中期评估后，也对项目实施周期进行了调整。经各管理方批准，项目延期 1 年，项目由原来的 2013 年 6 月结束延长至 2014 年 6 月，从而确保项目核心目标实现。同时，由于原有示范点示范主体产业在淮河源区域代表性不强、示范内容不明确，项目也对示范点进行了调整，选择了更具有地方代表性的示范点。项目终期评估结果也证明了项目延期及示范点调整是正确决策。

6.2 管理安排调整

在节能砖项目原文件中，并没有提出组建地方项目管理团队的具体要求。但随着项目实施推进，特别是随着示范推广工程数量的大量增加，需要进一步提高管理效率，改善监管措施。经过探索，在全国 13 个省建立了省级项目管理团队，在示范推广区域所在县建立了由地方领导牵头的工程组织监管团队。同时，在大部分项目所在省份也建立了地方技术咨询团队，聘请专家为地方项目管理团队提供技术支持，并对地方项目管理团队开展了持续培训，提高其项目管理能力。

在淮河源生物多样性保护与可持续利用项目中，针对中期评估专家提出项目团队管理能力不足的问题，项目实施单位按照管理程序及时重新公开招聘、调整项目办人员，组建了新的项目管理团队，招聘了专职项目经理，聘任了具有丰富专业知识及项目经验的项目首席技术顾问。这对项目在战略上的把握和技术上的理解起到了关键作用，为项目成功取得预期目标奠定了关键基础。

6.3 伙伴关系调整

在节能砖项目具体实施过程中，对伙伴关系进行了积极调整，在原设计基础上拓展了新的联系与合作，有力提升了项目实施效果。

1）与国家墙改办及示范推广地区地方墙改办加深战略合作，将项目政策开发成果纳入国家发展规划。通过此合作，成功修订墙改基金使用办法，不仅大大增加项目配套资金支持力度，而且为未来节能砖与农村节能建筑大规模推广应用开辟了可持续的资金渠道；增加了节能建筑示范推广工程建设数量，提高了工程建设质量；将农村节能建筑推广应用纳入地方政府规划与行动，极大地加速了农村节能建筑市场化发展的速度。

2）与标委会及地方技术监督部门合作。不仅将技术标准、规范、应用规程的开发制定上升到国家和地方标准，而且提高了标准的宣传贯彻与执法力度，使节能砖推广与规模、节能砖与农村节能建筑的市场培育程度大大超出项目设计预期。

3）与中国建材联合会建立战略性合作伙伴关系，将项目成果纳入国家"一带一路"发展规划。

4）与非洲、中亚、南亚、东南亚及其他太平洋国家建立了广泛的联系，为项目成果未来在广大发展中国家复制推广、开发新合作项目打下基础。

6.4 活动内容及预算调整

在野生近缘植物项目实施过程中，由于中国经济的高速发展，项目实施环境相比活动设计时发生了巨大变化，原设计的某些内容已不再适用或预算不足。为加大对推广点激励机制建设的资金投入，强化项目点成功经验的推广，在项目指导委员会审核同意后，项目调整了成果间的预算。如项目原设计了"建立可持续的资金机制"，在项目启动后，项目办发现中国农村小额信贷体系已粗具规模，当前主要问题是如何引导项目点农牧民逐步适应市场经济发展模式，充分利用国家灵活的农村金融政策，持续发展替代生计。经充分论证，项目办将原设计的"建立可持续的资金机制"调整为"小额信贷贴息"，激励项目点农民使用小额信贷等多种成熟的金融工具发展替代生计。有些项目点，因农民暂时对项目资金需求较低，在充分征求地方政府和农民意见的前提下，将该部分资金调整用于支持其他激励机制，体现了因地制宜的特点。

在节能减排项目实施过程中，2002年年底召开的三方评审会议通过了将滚动基金从"基金"调整为"机制"的提案。在调整后的滚动基金融资机制体系下，委托贷款金额不会增加，但乡镇企业可以不受限地从中国农业银行及其他银行系统更容易地申请到商业贷款，提高了乡镇企业成功获取商业贷款概率，鼓励中国银行系统积极向乡镇企业提供商业贷款。这一调整为项目涉及的四个行业节能减排工作提供了具体的融资支持。

6.5 项目示范调整

2001 年年底节能减排项目二期启动时，中国正在进行国家工业政策调整，而国家产业政策是项目用来筛选示范技术的根本依据，在水泥和炼焦行业问题尤为突出。例如，节能砖项目原设计的"1989"型号炼焦炉和立窑水泥炉在政策调整后已被列入逐渐淘汰的技术行列。如此，项目开始选定的行业技术就必须进行调整更新，"清洁型"焦炉和水泥回转窑余热发电技术最终取代了先前选定的技术。项目中其他原定且不符合国家产业政策的示范技术也进行了类似调整。

7 主要成果

7.1 农民认知及态度发生改变，生态保护意识提升

通过全球环境基金项目在中国农村地区的实施，农民生态环境保护意识、市场意识、参与及合作意识和学习意识均得到增强。如在作物野生近缘植物项目中，随着激励机制各项措施的推进，项目点 60.37%的村民对作物野生近缘植物的保护意识发生了从无到有的转变，97.8%的村民知道要保护作物野生近缘植物；大部分村民的认识水平提高，保护意识增强。在全球环境基金项目的引导和带动下，宁夏盐池项目点村民积极发展生产，寻找各种致富途径，将当地特产和市场需求结合起来，扩大了增收途径，通过种植西瓜和发展柠条加工获得了可观的收入。全球环境基金项目中激励机制的设计充分考虑了项目点农民具体需求，解决了农民生产、生活中迫切需要改善的问题，因而在农民中引起了较大的共鸣，很多农民积极参与到项目中，主动与他人合作。同时，全球环境基金项目田间学校为村民提供了与生产密切相关的技术培训。开展田间学校的示范点调查结果显示，村民几乎都参加过田间学校的培训，其中 74.61%的村民参加了一半以上的培训课程，98.45%的村民表示他们会主动将田间学校知识运用到实际生产中；97.52%的村民表示田间学校培训内容对实际的增产增收有明显作用。

7.2 经济状况改善，贫困问题缓解

通过全球环境基金项目实施，农民的生产方式改变、收入提高、生活得到改善。如

干旱生态系统土地退化防治伙伴关系项目中的内蒙古自治区通辽市奈曼旗白音他拉苏木满都拉呼嘎查示范点是国家级贫困社区，该示范点位于以蒙古族为主体的半农半牧区，风沙危化较严重，生态环境脆弱，农牧业生产手段落后。为此，项目组立足科技致富，通过保护性耕作，林牧双赢，转变了当地居民的生产生活方式。事实证明，保护性耕作的产量是传统耕作的 3 倍以上，大大提高了土地生产力；同时，发展散养鸡、牛羊舍饲、成立西瓜种植协会、发展使用清洁能源等方式，既开阔了农民的眼界，也全面提高了其生态环保意识，村民参与意愿得到了充分尊重，经济贫困问题得到了极大地改善。通过 4 年发展，人均纯收入从项目实施前的 1 800 元提高到项目实施后的 3 800 元。

7.3　社群关系改善，妇女地位提升

通过项目的实施，项目点社群关系得到改善，妇女地位得到提高。首先，在中国农村实施的全球环境基金项目点，很多处于少数民族地区，项目活动有效促进了村内少数民族与村外其他民族的交流，无形间增加了相互了解，改善了民族关系。其次，由于项目所示范产业很多都适合身体力量小、手工能力强的妇女群体参与，而妇女参与生产并给家庭带来不少的收入，促进了妇女经济地位的提升、话语权的增强和家庭地位的提高。最后，在一些少数民族地区，项目实施与推广活动也带来更多的游客、专家等，增加了当地妇女与外界交流的机会。同时，项目执行期间，"群众理解干部，干部心系群众"已成为良性循环，项目基层执行者全心全意为农民服务，农民也非常尊重、信任和支持他们的工作。

7.4　生产生活方式改变，生态环境改善

通过项目实施，项目点生态环境得到改变。如在作物野生近缘植物项目开始前，因生产方式落后和村民对作物野生近缘植物认识不足，各项目点的作物野生近缘植物都面临着被砍伐破坏或被牲畜啃食的危险。项目实施后，村民寻找到了更加快捷可靠、生态友好的致富途径，改变了落后的生产方式。所调查的 87.93% 的村民认为，据他们观察，当地作物野生近缘植物比项目开始前生长得好，生长环境也得到了改善。不仅如此，项目实施期间更为综合全面的考虑，以及地方层面具体执行者对野生资源保护的宣传，使一些保护点在保护目标生物的同时，也保护了当地其他珍贵独有物种，扩大了项目的野生资源保护效果与预期。

7.5　锻炼队伍，培养人才

项目的实施锻炼培养了大批的项目管理人才和专家技术队伍。如中国乡镇企业节能与

温室气体减排项目的实施，就直接促进了农村建筑节能技术相关咨询和节能检测业务能力建设，培养了一大批节能行业专业技术人员，其业务水平随着项目实施过程得到较大提升、锻炼与考验，所积累的农村节能及建筑建设和节能检测经验在科技部、住房城乡建设部、世界银行等开展的类似项目中发挥了作用。同时，该项目加强了制砖、水泥、炼焦和铸造四个产业的多个示范企业的管理人员能力建设，促进了企业管理规范化与现代化。

干旱生态系统土地退化防治伙伴关系项目的实施，培养了一批项目管理人才和社区土地退化防治能人。据统计，通过项目实施，各省级、县级项目办分别有 150 人、400 多人熟悉 IEM 理念与方法；在参与项目实施的农牧民中涌现了一批认同 IEM 理念、掌握生态友好型农业技术的能人，发挥了示范带动效应，进一步促进了土地退化防治工作的开展和项目影响的长期持续。

7.6　实现项目预期的全球、国家和地方效益

通过全球环境基金项目的实施，预期的全球、国家和地方效益得以实现。如在淮河源生物多样性保护与可持续利用项目中，淮河源生物多样性的全球意义与其在中国复杂的生态地理中所占的特殊位置相关联。该地区位于河南省南部和湖北省北部，处于暖温带和亚热带的过渡地带，处于中国南北地理和气候分界线上。项目的实施不仅使大量南北方丰富的生物多样性得以在同一地区得到保护，而且使中国南北过渡地带特有的生物多样性免遭灭绝或丧失的威胁。更重要的是，淮河源为许多动物提供迁徙廊道和栖息地，特别是为候鸟冬春迁徙提供了适应南北气候的栖息地。

7.7　实现政策制定上的主流化

通过项目的实施，在政策制定上实现了主流化，众多项目产出与成果被纳为或纳入国家政策、标准、地方规划。例如，在节能砖项目支持下，国家出台了《烧结多孔砖和多孔砌块》（GB 13544—2011）、《烧结保温砖和保温砌块》（GB 26538—2011）、《农村居住建筑节能设计标准》（GB/T 50824—2013）等技术标准，制定了《砖瓦行业"十三五"规划》《太阳能热利用行业"十三五"规划》等行政政策。这些政策与标准直接促进或支持国家出台的一系列政策、战略在省、地、区/县层面的开展与实施，提高了地方政府的政策执行能力，如促进了陕西、浙江等省市区将推广农业节能建筑纳入当地政府行动计划和墙改部门发展规划等。

如淮河源生物多样性保护与可持续利用项目，实现了生物多样性和生态系统功能在信阳市地方政府和重要生产部门工作中的主流化。至项目结束时，已经发布了基于生物

多样性友好的信阳市、商城县、新县土地利用总体规划和实施方案，制定了农业和林业部门激励机制、友好型私营部门指南、政府工作人员手册，实施了生物多样性友好的扶贫投资与评估指南等。

7.8　增强项目的可持续性

项目的实施增强了全球环境基金项目及影响的可持续性。如洮河流域项目采用参与式方法在保护区管理局和当地社区层面开展工作，使保护区管理局各个层面的管理人员均参与到项目实施过程。项目结束后这些人员将继续在保护区内工作，并继续支持、监督项目结束后的活动，持续发挥作用，提高了项目成果及其影响的可持续性。如野生近缘植物项目，在项目结束后，政府和项目示范点均承诺采取多种方式继续支持项目的长期效益和可持续性，包括了资金、政策、机构管理和环境等多个方面。在汶川地震保护应急项目结束后，项目给予能力建设支持的都江堰监测站和绵阳监测站仍用于生物多样性保护工作，并继续开展宣传推广活动、介绍项目取得的经验与成果，为相关人员开展能力培训提升等建设活动，提高生物多样性相关管理人员的业务能力；项目支持制定的相关法规、政策和制度在结束后也在继续实施，持续发挥技术管理支撑功能。

由此可见，全球环境基金项目的实施，在中国各地产生了一系列积极正面的影响，取得了良好的项目效果和可持续的影响力。但上述各个方面还有进一步提升要求，扩大执行空间，后续实施的全球环境基金项目可在此前实施项目的基础上继续完善，加持全球环境基金项目的可持续性和影响力。

第十一章

全球环境基金项目在中国农村地区的实施
经验及后续管理实施建议

1 全球环境基金项目在中国农村地区实施的经验和教训

近年来，中国在多个农村地区成功实施了全球环境基金给予支持的生态环境国际合作项目，通过引入国际先进理念和技术，在中国探索了适用于不同地区、不同产业、不同领域的项目实施模式，积累了丰富经验，涌现出典型的项目实施案例。先进理念对全球环境基金项目实施的整体方向的把握有重要指导作用，同时，通过梳理已结束项目的管理经验，也将为后续全球环境基金项目的实施提供借鉴。以本书 7 个项目案例为基础，本章对全球环境基金项目在中国农村地区实施经验进行了归纳总结。

1.1 体现国家战略需求，致力全球环境效益是项目立项实施的前提

自党的十八届全国人民代表大会以来，中共中央坚持节约资源和保护环境的基本国策，坚持节约优先、保护优先、自然恢复为主的方针，立足我国社会主义初级阶段的基本国情和新的阶段性特征，以建设美丽中国为目标，以正确处理人与自然关系为核心，以解决生态环境领域突出问题为导向，统筹践行山水林田湖草沙是一个生命共同体的理念，优化国家生态安全保障体系，改善环境质量，提高资源利用效率，广泛形成绿色生产生活方式，推动形成人与自然和谐共生的现代化建设新格局，满足人民日益增长的美好生活需要。《生态文明体制改革总体方案》提出了一系列生态文明体建设新理念：要树立尊重自然、顺应自然、保护自然的理念；树立发展和保护相统一的理念，坚持发展是

硬道理的战略思想。发展必须是绿色发展、循环发展、低碳发展；树立"绿水青山就是金山银山"的理念，清新的空气、清洁的水源、美丽的山川、肥沃的土地、丰富的生物多样性是人类生存的基础；树立自然价值和自然资本的理念，自然生态是有价值的，保护自然就是增值自然价值和自然资本的过程，就是保护和发展生产力，就应得到合理回报和经济补偿。在全国生态环境保护大会上，习近平总书记提出，新时代推进生态文明建设必须坚持六项重要原则：坚持人与自然和谐共生、绿水青山就是金山银山、良好生态环境是最普惠的民生福祉、山水林田湖草沙是生命共同体、用最严格制度最严密法治保护生态环境、共谋全球生态文明建设。

人与自然是生命共同体。保护地球家园、实现可持续发展，需要全人类的共同努力。中国是全球生态环境保护的重要参与者、贡献者，在探索建设"美丽中国"的同时要积极参与全球环境治理，努力为"美丽世界"贡献中国智慧和中国方案。《生态文明体制改革总体方案》也指出，要坚持主动作为和国际合作相结合，加强生态环境保护是我们的自觉行为；要深化国际交流和务实合作，充分借鉴国际先进技术和体制机制建设有益经验，积极参与全球环境治理，承担并履行好同发展中大国相适应的国际责任。

同时，全球环境基金作为政府间环境保护方面最重要的多边机构之一，是全球五大环境公约——《联合国气候变化框架公约》《生物多样性公约》《联合国防治荒漠化公约》《关于汞的水俣公约》《关于持久性有机污染物的斯德哥尔摩公约》的主要资金机制，同时向多个国际多边协定提供资金支持。这就决定了其所资助的项目必然致力于落实各国际公约要求以及联合国 2030 年可持续发展议程，贡献全球环境效益。

这些理念和指导思想为全球环境基金项目在中国的实施，指明了方向，提供了政策保障和行为遵循。这也要求在中国实施的全球环境基金项目必须体现国家战略，服务于我国生态环境需求，并致力于实现全球环境效益，努力推动全球可持续发展，共谋全球生态文明建设。

由此可见，体现国家战略需求，贡献全球环境效益是项目立项实施的前提。本书所归纳的 7 个项目案例也充分体现了这一立项要求，其实施成果与产出也很好地服务于我国生态环境保护战略和政府管理需求，并贡献于取得良好的全球环境效益。

1.2　各级领导高度重视、各利益相关方协调有力是项目成功的关键

各个项目从设计到组织实施均有中央政府相关部门、国际机构、地方政府、科研院所、非政府组织，以及其他各利益相关方的紧密配合，项目执行机构、实施机构有力协调各参与单位或人员，使得项目配套资金得以落实到位，项目活动有序开展，为项目顺

利实施提供坚强保障。

以节能砖项目为例。中国政府高度重视气候变化应对工作，把促进国内节能建筑技术发展，作为实现国家节能减排目标的重要战略选择。2007 年修订的《中华人民共和国节约能源法》，规定建设、施工、监理全过程中，必须符合相关节能法规和标准，鼓励在新建建筑和旧建筑改造中应用新的节能墙体材料。在国家的"十二五"规划中，要求积极探索推进农村建筑节能，积极促进新型材料推广应用。原农业部作为负责农村地区节能减排工作的国家行政主管机构，在节能墙材与农村地区节能建筑应用方面也予以了高度重视。为促进新型墙体材料的生产和运用，项目协同国家发展改革委等国家和地方有关政府部门共同承担国家墙体材料革新与改革的指导与管理责任。与此同时，节能砖项目办还有力协调私营企业、农民、学术机构等众多社会不同层面的利益相关方的利益，鼓励调动他们积极参与，产生了超预期的效果和示范效应。

1.3 项目内容设计合理，机构设置完整和科学管理是项目成功的保障

本书所涉及的项目案例均制定了详细的结项考核指标和年度进度安排，使得项目实施具有很强的导向性，活动开展有条不紊，有效推进。同时，项目从上至下设置了完整的管理机构，制定了严格的项目管理办法，保障项目管理科学化、规范化，确保与上级管理部门、项目协调领导小组、项目办公室的纵向有效沟通与联系，与各分包任务单位间横向衔接通畅、协调有力，与项目区所在地方政府部门、社区的联系及相关项目实施等也能够顺利开展。

如节能砖二期项目合理设计了分阶段发展目标及对应项目内容。项目管理体系进一步健全。项目不仅成立项目管理办公室、项目指导委员会等管理机构，还根据一期项目建议，进一步完善基层组织管理架构，成立了由服务商组成的一个联合体（PTPMC），由小型秘书处管理。这一联合体将乡镇企业提供节能服务的机构与市场需求有效结合起来，同时项目本身也帮助 PTPMC 实现可持续的商业化运作，为 PTPMC 及其成员提供服务。通过联合体协调机制，在中国银行内部成立滚动基金，向有意改进生产技术、提高产品质量以达到高效节能目的乡镇企业提供资金支持。

事实证明，项目内容的合理设计、机构设置的完整和科学的管理为全球环境基金项目的成功实施提供了保障。

1.4　项目工作扎根基层、依靠群众是完成各项工作的基本方法

本书所涉及的项目都是在中国农村地区实施的，因此所有工作均离不开基层工作人员和广大农民群众的积极参与。以洮河流域项目为例。国家生态保护战略部署，以及甘肃作为我国西北地区重要生态屏障和战略通道地位的确立，使项目更为注重"多方参与"和"共同发展"，积极引导私营部门、社区群众参与保护工作，多渠道拓宽保护区融资渠道，尝试建立多种组织、多种方式的生态补偿机制；在苗木培植销售和生态旅游等方面扶持社区群众的发展，尊重鼓励群众的创新精神，从而改变了自然保护纯粹是保护区工作人员的任务这样的"片面保护"观念，树立了依靠全社会的力量是自然保护中坚力量的"全面保护"思想，增强了基层自身"造血"能力。

同样地，在节能砖项目中，节能砖的推广应用也离不开广大基层工作人员和农民群众的理解、支持、宣传和带动示范效应。政府和项目办工作人员先向基层工作人员讲解节能砖优点和技术特点，基层工作人员理解并接受后，再通过多种方式不断地向村民、制砖企业以及包工头宣传讲解，包括带领他们参观生产节能砖的工厂以及已建好的房屋，负责修建乡村道路、水电气外管线等公共设施的建设，积极争取其他资金补助，消除农民对资金和安全性的担忧。同时，确实受益的农民也成了最好的宣传者和示范载体。因此，要推动节能砖在农村地区的广泛使用。

项目工作必须扎根基层、依靠群众，要使项目切实"走入群众中去"；授之以渔，基于其发展资源禀赋、发展水平和发展诉求，通过多种方式培养基层管理人才和技术力量，实现多元、自主和可持续发展，增强项目影响的可持续性。

1.5　适应性调整是项目积极有效管理的重要手段

中国幅员辽阔，人口众多，地区差异极大。此外，改革开放使中国处于急剧变动的宏观形势中，经济、政策、管理架构、社会形态都在迅速而激烈的变化。全球环境基金项目从拟定项目概念、项目申请被批准，到项目正式启动实施的时间跨度大，项目实施周期长；众多项目从开始申请至项目实施结束需要8～10年。这些因素使得项目的设计和实施面临巨大挑战，有些项目在启动或实施期间，或设计理念已经过时，或具体产出已不符合项目实施时的需要，必须要作出相应调整。适应性管理已成为管理全球环境基金项目重要且有效的手段。

以洮河流域项目为例。项目在设计时，认为项目文本理念超前，方法科学严谨，逻辑缜密合理，不失为一项紧跟世界潮流的前瞻设计。但在项目的具体实施过程中，因国情、省情和宏观政策管理体系发生变化，以及项目办在项目实施前期执行力的欠缺，或

多或少地不能完全实现文本规划的项目宏伟蓝图。国家项目办在不断探索的基础上,适时地进行了逻辑框架矩阵和赠款资金预算调整,从而对项目核心目标的有效实现起到了积极的推进作用,使其项目推进更为合理,产出更能结合并满足当地管理需求。

同样,淮河源生物多样性保护与可持续利用项目中期评估结果为"基本不满意",依据全球环境基金项目管理规则,有被终止的潜在风险。在此情况下,信阳市政府及原市环保局重新组建项目实施机构,聘请国内一流专家,重新设计项目内容,重启项目实施,使其产出与考核指标更符合实际政策需求,切合项目实施地现状。经过后期不懈的努力、精心的组织和科学的管理,终于完成项目实施,顺利通过项目终期评估,扭转了中期评估结果,最终被评优为"满意"取得了可喜的成果。

1.6 引进国际理念,加强项目间交流是项目协调增效的基础

汶川地震保护应急项目、洮河流域项目和淮河源生物多样性保护与可持续利用项目等基于促进生物多样性保护效果的项目,同属于"中国生物多样性伙伴关系框架"(CBPF)项目。CBPF 作为一个伞形规划项目,需要建立各个项目之间的强力沟通交流机制,而由原环境保护部环境保护对外合作中心负责实施的中国生物多样性伙伴关系框架机构加强与能力建设项目(CBPF-IS)沟通承担了建立这种沟通平台和共享机制的责任;举办了 3 次大型沟通交流会议,建立框架监测评估指标体系,并对该框架下 9 个项目开展中期实施效果评估,建立 CBPF 网站,以及后期的成果汇编及对框架下与 CBPF-IS 同期项目的全过程绩效评估,整体推动了各项目之间的交流、项目成果共享与相互借鉴。同时,野生近缘植物保护项目也与 CBPF 紧密合作。该项目与 CBPF 的第 4 个主题——"保护并可持续地利用保护区之外的生物多样性资源"紧密有关。因此,随着 CBPF 项目的开展,其对各方协调的促进作用也有利于野生近缘种植物保护项目影响的扩大。

伙伴关系,是一种理想的社会组织模式。伙伴关系要求各合作方相互尊重,为共同目标融洽工作,包含了过程中的参与与联系,并要求公平合理,互利互惠,民主参与,相互支持与分享。多方利益相关者参与的生物多样性伙伴关系机制已成为国际上生物多样性有效保护的重要途径。通过伙伴关系框架,实现在不同农村地区实施全球环境基金同领域项目的协同,有力促进并实现项目成果、经验的共享与提升,实现了"1+1>2"的项目绩效,起到了示范借鉴作用。

1.7 激励机制建设是项目可持续实施的有效方法

激励机制,即通过调动人的积极性,激励人们主动参与某项活动的机制。近年来,已被广泛延伸应用在生物多样性保护活动中,应用特殊的引导方式,促进政府部门、商

业部门、非政府组织以及社区和农民参与生物多样性保护，并在生物多样性利用过程中采取可持续的方式。

以野生近缘植物保护项目为例。目前，中国在作物野生近缘植物保护方面无论是异位保存还是物理隔离的原生境保护，其保护措施实际上都是被动和消极的，无法从根本上消除作物野生近缘植物保护的威胁因素及其根源。项目最初设计时，虽然考虑了建立激励机制的重要性，但仍是以资金为主的激励机制。后期，在项目实施过程中发现，中国现行的基金管理模式，基本不允许在中国建立作物野生近缘植物保护的基金，可行性极低；同时由于作物野生近缘植物分布分散，面积较小，即使成立基金，其运作也很难满足各保护点的保护资金需求。项目在实施过程中通过充分调研认识到，尽管各保护点的威胁因素各不相同，但其根源基本上都是以种植和养殖为主的当地农民经济发展模式，而且劳动人员受教育水平较低，缺乏必要的生产条件和技术，当地生产水平低下。在此背景下，只能将扩大生产、获得更多经济收入的希望寄托于对作物野生近缘植物栖息地的开垦或过度利用上。因此，项目改变了原先成立基金的设计，转而引入激励机制的理念和方法，以政策法规为先导，生计替代为核心，资金激励为后盾，增强意识为纽带，全面提升当地村民的认知水平和经济发展能力，转变经济收入途径，从根本上消除作物野生近缘植物的威胁因素与途径。这种激励机制在洮河流域项目、土地退化防治项目以及节能砖项目实施过程也得到了应用，取得了非常好的应用效果。

实践证明，项目创新性的激励机制、保护思路和实施方法取得了良好的效果，引导农民自发地转变生产方式，从而降低或消除了对目标物种的威胁因素，进而达到保护的效果，实现了项目的主流化目标与项目设定预期成果。

1.8　公平有效招标是项目活动顺利开展的保证

在项目实际实施过程中，项目的专家、服务和设备采购等均按照国际执行机构的项目采购要求，进行询价或招投标采购。

在调研全球环境基金在中国农村实施的众多项目时，一些项目（未纳为本书项目案例）反映在其部分活动采购过程中，有乙方咨询公司恶意竞标现象，即以较低的价格中标，在其响应标书中通过将国际专家换成国内专家、业内大家换成业内小咖，或降低专家的参与时间，降低投入成本，谋取经济利益。专家低报酬，不能聘请到高水平的专家或专家投入时间精力不足，导致项目设计活动无法按计划开展，严重影响项目进度。

纳入本书案例的 7 个项目，都能严格执行合理、高效、公平的招采程序，包括示范点的选择。如伙伴关系项目在选择项目示范点时，就采取公开招投标形式在青海省选定有广泛代表性的项目示范点，按照中央项目办制定的选点标准，依据招投标程序在应标的六县九个备选点中，确定青海省湟源县示范点为项目示范点之一。在支持示范点活动上，同样采取了竞争的办法，不搞平均分配，哪个示范村积极性高、申报的项目活动意义大、上年项目搞得好，就给予优先支持。年度项目在做支持计划时，就优先考虑支持去年活动搞得好的、成效显著的。

尽管公开招标可以提高竞争力和择优率，但在一些特殊情况下，也需另做考虑。如在汶川地震保护应急项目中，由于公开招标投标人众多，耗时较长，花费的成本较大，项目需要在较短时间内完成的地震后应急任务显然不宜采取这种方式，因而采用了邀标的方式，邀请有资质、有资历、有信誉、有实力的合格单位来参加竞标。另外，对于标底较小的采购，如项目中的某些经费很少的任务，以及一些专业性较强的项目，由于有资格承接的潜在投标人较少，采用邀标方式更能提高效率。

1.9　广泛宣传是增强项目影响力的有效途径

以淮河源生物多样性保护与可持续利用项目为例。项目办把宣传作为项目实施的重要抓手，始终给予高度重视，并通过多种方式宣传推广生物多样性保护与可持续利用的理念与成果。项目启动之初就建立了"中国-淮河源"网站，对项目开展专题报道，不断更新项目活动信息及生物多样性知识，并设立互动栏目。项目与本地媒体信阳市日报社、信阳市电视台、信阳市申城晚报社、信阳移动公司签订宣传协议，使得项目活动信息及时出现在本地主要媒体上，增强在地曝光率，加强宣传效果。同时项目办也在《中国环境报》采用专栏形式介绍项目与活动，在中国生物多样性伙伴关系框架（CBPF）项目网上不断更新内容，积极宣传报道项目进展，与全国利益相关方分享淮河源生物多样性保护与可持续利用项目经验成果。项目办在各示范点建立示范点展示牌和宣传板，以可视化的方式，做到项目目标与示范内容家喻户晓，人人明白。

成功多元的宣传活动不仅能扩大项目影响，也能提高受众意识和能力，有效促进"生物多样性主流化"的实现。

1.10　加强项目成果的应用推广是项目实施的现实意义

任何一个项目的实施，并不是为了简单地完成所在项目点的任务，而是为了加强项目成果的应用及后续推广，这才是项目实施的现实意义。综观在我国实施的全球环境基金各项目的执行，多数项目在实施过程中更为关注项目设定任务的完成，对项目成果的应用推广重视不够，缺乏对项目成果被采纳情况和产生的影响方面的跟踪调查与及时调整，使项目成果影响力难以持续，未能充分发挥其示范效应。如全球环境基金的一个短期应急项目——汶川地震保护应急项目，是短时间内众多力量的投入与不懈努力实施并取得项目预期成果的项目。从其项目设计预期来判断，具有影响力大、示范作用强、可持续性的特征，从项目中获得的成果、经验和教训不仅适用于中国未来灾后响应和恢复工作，也同样适用于其他发展中国家应对灾后响应和恢复工作，在国内和国际都具有很好的示范作用。但由于项目实施周期短、资金量小、项目管理人员的非长期固定人员属性，导致项目在执行过程中更多聚焦于项目任务的完成，以及推动项目成果得到管理决策部门的即时应用并产生综合服务效果。而在项目宣传及成果应用推广方面投入的财力、精力不足，项目结束后未有后续资金支持成果推广，导致其成果在国内、国际展示度不够，项目影响力的可持续性、示范效应未得到充分发挥。

项目成果推广与转化力度不足，影响力与示范效应难以得到持久有效发挥，也是众多全球环境基金项目基本都存在的现象与问题，特别是在项目结束后。维持项目管理团队的稳定性，增加项目实施周期内、项目结束后的宣传推广力度，以及在项目结束后有后续资金继续提供支持是关键，需要各相关方，特别是代表政府负责该项目管理实施的部门、成果使用部门增加对项目的持续关注与支持。

2　今后在中国农村地区实施全球环境基金项目的管理实施建议

2.1　合理设计项目，全面预测项目风险，提高执行效率

在项目初始设计阶段，就要充分考虑项目各方面的要素，尽可能全面预测项目风险，设计合理的项目逻辑框架、组织管理机构和管理方法，从而为项目高效执行提供保障。具体地，要制定完成项目内容详细的任务指标，使项目实施具有很强的可操作性。同时，项目从上至下应设置完整的管理机构，制定严格的项目管理办法，使项目管理科学化、程序化和规范化，确保与上下级管理部门、同一行政级别相关部门之间沟通与联系顺畅有效，实现各分包任务单位间任务衔接、资料共享，保障各种活动顺利开展。

2.2　综合考虑多种因素设计示范点，扩大示范效果

要综合考虑项目点的气候、产业、交通，群众的经济水平、生活习惯、环境意识，以及政策环境与管理实际需求等多种因素设计示范点，扩大示范效果。如通过当地主导产业的友好生产，利用政府的政策和资金激励为后盾，以增强意识为纽带，切实帮助农民解决生计问题，从而快速扩大示范效果，在真正意义上实现项目目标。

2.3　加强政府主导作用，紧密结合当地政府中心工作，促进项目效果最大化

政府各部门都有自己的中心任务，工作业务繁重。如果单靠任何一个部门独立实施一个项目往往力度不够，难以形成合力和协同效果。但如果能在项目设计与实施过程中将项目内容与各部门的中心工作相结合，将会达到事半功倍的效果。如节能砖项目就与原农业部和国家发展改革委员会的国家墙体材料革新与改革的指导与管理责任相一致；淮河源生物多样性保护主流化项目就紧密结合了信阳市的"生态立市"战略，均取得了良好的项目效果。

2.4　注重宣传推广，提高公众意识，扩大项目影响和效果

宣传是推动不同层面、不同领域公众参与生态环境保护及项目的有效手段，能够提高决策者、管理者、企业和公众意识，要采用多种方式进行宣传推广。例如，通过政府和项目专家以及基层工作人员宣传；通过报纸杂志、网络、电视等多种媒体进行宣传；通过会议、培训进行宣传；通过项目点群众进行宣传；通过座谈、培训和出版资料等多种方式加强已完成项目与正在实施项目间的沟通。宣传材料展现形式与载体可以多样化、多形式，务必使用公众喜闻乐见、乐意接受的形式、方式，充分利用各种媒体，多渠道宣传，使效果最大化。同时，要加强相关项目之间的沟通互鉴，要将经验教训、成果应用推广至其他不同类项目中。沟通也是宣传，要以开放的心态，拓展思路、开拓渠道、整合资源，创新项目宣传方式，使项目的影响和效果最大化。最终通过项目宣传加强公共意识，帮助公众获得生态环境保护、可持续利用知识与技能，转变其态度与行为，使其日常生产生活方式绿色化。

2.5　建立激励机制，确保项目实施可持续性

建立并应用激励机制是使项目点农民群众由被动实施到主动参与的一个重要手段。通过激励，引导群众主动且积极参与活动，并从根本上提升其意识，使其对项目实施的意义和长远影响有更明确的认识。同时政府、项目等在政策和资金方面的激励，一方面能够积极帮助农民改善生计，发展环境友好型替代产业，使其生活方式绿色化；另一方面可以为项目理念和效果在项目结束后影响的可持续性提供动力与保障。

2.6　重视公众有效参与，增强可持续性

设立全球环境基金项目的根本目的是改善全球生态环境，是人类更好的生存与发展。

社区公众是项目效益的最终受益人和最重要的行为主体之一，其有效参与直接影响项目的成功。公众参与是提供公众意识的有效手段；相应地，公众意识提高也能促进公众参与，两者互相促进。公众参与是全球环境基金项目的一项非常重要的基础性工作，不仅能贡献于项目实施期间和项目结束之后的现实需要，而且能增强项目成果影响的可持续性和扩大面。

2.7 加强项目管理人员能力建设，提高管理执行能力

项目管理人员的执行能力对项目能否顺利实施至关重要。本书所介绍的几个项目，其内容和实施区域均涉及多个市县和部门，在省级和地方设计了实施机构，但部分实施机构或地方机构仍缺乏国际合作项目管理经验，对全球环境基金项目程序以及国际执行机构复杂的项目管理程序和资金管理制度缺乏了解，或者项目管理人员对项目内容了解与理解不到位等因素，导致项目执行初期进展缓慢。

因此，要重视并加强项目管理人员的针对性指导和培训，提高其项目管理、执行能力和活动设计与组织落实能力。要根据项目办组成人员特征，制订培训计划，举办培训班等多样活动，使项目管理者熟悉理解项目内容，掌握项目管理方法，提高其管理水平、科学决策和活动组织落实能力，以助力项目实施；并鼓励项目管理人员之间积极互相交流，或参加国内国际的相关项目交流研讨会，与同行互学互鉴、相学相长。针对地方基层管理人员可能存在的专业水平低、管理能力不强、经验不足的情况，也要采取有针对性的培训，包括举办培训班、专家讲座、考察交流等方式，使地方项目管理人员得到培训并提高其管理水平。

2.8 加强监督评估，及时发现风险并作出调整，确保核心目标实现

由于国际和国内经济、政策、管理需求以及社会形态等实施环境都在迅速而激烈的变化，这就使全球环境基金项目的设计、实施和推广始终面临着巨大的挑战，经常出现项目原始设计合理、全面，但在实施时许多内容不符合国情，或产出不符合管理需求的状况。这就要求项目管理方在项目实施过程中加强监督评估，及时总结，及时发现问题并进行调整。全球环境基金项目均有一套非常完整的监督评估机制，监督评估是项目顺利实施并实现目标的重要保障。每年召开指导委员会会议或三方评审会议，有季度、年度进展报告，以及项目终期评估，项目也设有相对独立的监督评估官员跟踪活动组织实施情况，评估产出是否偏离项目设计、考核指标实现程度以及当前宏观政策变化与需求

等。项目管理机构应及时根据日常监测评估发现的问题，在保证项目核心目标不变的前提下，对项目设计内容进行合理修正，使之更符合实际情况。如此既保证了项目的顺利实施，同时也降低了项目实施风险。适应性管理已成为全球环境基金项目的重要、有效管理手段，随时应对项目可能出现的变化，确保项目核心目标实现。

2.9 广泛吸纳国内外专家智慧，加强交流，引进国际先进理念，科学决策

全球环境基金项目与国内的大型工程建设项目不同，它不是一种任务落实型的工程，而是一个具有前瞻性、示范性的国际合作项目。其实施目的就是要引进借鉴国际先进理念，搞创新作示范，发挥项目战略引领、理念传播、方法示范创新的作用。因此，在项目实施过程中，要组建国内专家团队、国际专家团队，彼此协作，加强并开展广泛的国际交流、合作、互鉴，确保项目设计、实施过程有国际和国内两个视角。通过内外视角和经验融合，科学决策实施，实现"1+1＞2"的效果。

2.10 加强国际交流，及时分享成功经验，贡献中国智慧，促进全球环境效益

"共谋全球生态文明建设，深度参与全球环境治理"是习近平主席在全国生态环境保护大会上提出的推进生态文明建设六项重要原则之一。2020 年 9 月 30 日，习近平主席在联合国生物多样性峰会上的讲话中再次强调：中国将"用生态文明理念指导发展""采取有力政策行动"并"积极参与全球环境治理"。全球环境基金是国际 5 个环境公约的履约资金机制与重要国际合作交流平台。通过全球环境基金这一国际平台分享中国农村地区已成功实施的系列生态环境保护案例是参与全球环境治理、贡献中国经验、方案与智慧的重要方式之一，这一分享必将促进 2030 年可持续发展目标实现和全球环境的改善。

因此，在后续实施全球环境基金项目实施过程中，我们有必要、有责任及时梳理项目成果、案例与经验，加强国际交流，建立双边和多边伙伴关系，分享农村生态环境保护的中国实践与经验，为中国乃至全球相关项目设计和实施提供借鉴，更好地服务于全球环境治理目标和中国国际发展大局，不断扩大中国在全球生态环境治理中的影响力和话语权。

附　录

全球环境基金赠款管理办法

第一章　总则

第一条　为了规范和加强全球环境基金赠款管理，根据《国际金融组织和外国政府贷款赠款管理办法》（财政部令第 85 号）以及其他相关规定，制定本办法。

第二条　全球环境基金赠款的管理工作适用本办法。

第三条　财政部代表中国政府接受全球环境基金赠款，是全球环境基金赠款的统一管理部门。

省级财政部门是地方政府全球环境基金赠款归口管理单位，对本地区全球环境基金赠款进行管理。

第四条　财政部将接受的赠款拨付给省级政府、国务院有关部门（含直属单位，下同）以及所申报贷款项目已列入国际金融组织贷款规划的中央管理企业、金融机构等执行和使用。

第五条　全球环境基金赠款的规划和使用应当符合国民经济和社会发展战略，支持国家履行相关国际环境、气候公约，具有全球环境效益，体现公共财政职能，注重制度创新和技术开发与应用，以实现国家和全球可持续发展为最终目标。

第二章　机构与职责

第六条　财政部履行下列职责：

（一）对外接受全球环境基金赠款。

（二）制定全球环境基金赠款的管理制度。

（三）与全球环境基金秘书处就其筛选确定的中国全球环境基金项目进行磋商，并在此基础上形成中国国别项目规划。

（四）统筹开展全球环境基金赠款的对外工作，包括对外确认项目、磋商谈判、签署法律文件、办理生效手续等。

（五）指导、协调、监督全球环境基金赠款项目的立项申报、前期准备、拨付、资金使用、绩效评价、成果总结和推广等。

第七条　省级财政部门履行下列职责：

（一）组织、征集、筛选本地区全球环境基金赠款项目，代表本级政府向财政部提出全球环境基金赠款申请。

（二）组织和协调本地区全球环境基金赠款对外工作，参与项目准备和磋商谈判，协助办理法律文件签署和生效手续。

（三）对本地区全球环境基金赠款的资金、财务进行管理。根据财政部和项目指定机构有关规定和项目要求，审核项目资金需求，提供联合融资承诺函；代表本级政府与财政部签署赠款执行协议；监督全球环境基金赠款及联合融资的落实与使用；负责赠款指定账户的具体开设与管理、赠款资金支付和提取。

（四）对本地区全球环境基金赠款项目执行情况进行监督和检查，保障资金使用的安全、规范、有效；按照相关规定对全球环境基金赠款所形成的资产管理进行监督。

（五）审核地方项目实施单位报送的全球环境基金赠款资金预算或资金使用计划、年度出国计划和年度采购计划。

（六）组织实施本地区赠款项目的绩效评价工作，总结和推广本地区赠款项目的成果经验等。

第八条　项目实施单位负责全球环境基金赠款项目的实施和管理，在业务上接受同级财政部门的指导和监督，其主要职责为：

（一）负责全球环境基金赠款项目的组织实施，落实赠款协议和赠款执行协议所规定的各项工作和安排，包括参与前期准备、提供联合融资、组织项目采购、开展项目活动、推进项目进度、监测项目绩效等，确保项目取得预期成果。

（二）建立、健全内部财务会计监督制度，按照财政部有关赠款项目财务与会计管理的规定，对项目进行财务管理和会计核算。

（三）按照赠款协议和赠款执行协议的要求，地方项目实施单位向省级财政部门提供提款报账所需的相关资料并向省级财政部门报送项目实施情况及相关报告；中央项目实施单位向财政部报送项目实施情况及相关报告。

（四）配合项目指定机构及国内相关单位开展项目检查、绩效评价和审计等工作。

第三章　赠款申请与规划

第九条　省级财政部门、中央项目实施单位应根据本办法的规定以及全球环境基金、项目指定机构的要求，组织、征集、筛选赠款项目，并向财政部提出赠款申请，赠款申请材料包括项目识别表和联合融资承诺函。

第十条　项目识别表和联合融资承诺函的编制、报送应符合以下要求和程序：

（一）项目实施单位应联合项目指定机构，按照全球环境基金要求编制项目识别表。

（二）地方项目实施单位向省级财政部门报送项目识别表和联合融资承诺函。省级财政部门和中央项目实施单位向财政部报送项目识别表和联合融资承诺函。

（三）联合融资承诺函由中央项目实施单位的财务部门或省级财政部门出具。中央项目实施单位提交联合融资承诺函时，如需地方政府安排联合融资、承担相应实施责任的，应同时提供省级财政部门出具的联合融资承诺函。

第十一条　财政部收到赠款申请后，将赠款申请统一递交全球环境基金秘书处，请其筛选确定。此后，财政部与全球环境基金秘书处就其筛选确定的项目进行磋商，主要考察其筛选的项目是否符合国民经济和社会发展规划、中国履行相关国际环境、气候公约的行动计划，同时广泛征求相关国际气候、环境公约履约部门或行业主管部门的意见，在此基础上形成全球环境基金赠款中国国别项目规划。财政部负责及时向相关单位通报中国国别项目规划。

第十二条　在对中国国别项目规划内项目逐一对外确认前，财政部委托独立专家对项目识别表进行技术评审。对技术评审合格的项目，财政部向项目指定机构发出确认函。项目指定机构负责向全球环境基金秘书处提交项目识别表。对已列入全球环境基金赠款中国国别项目规划，但需对项目金额、内容、实施主体等进行重大调整的项目，省级财政部门或中央项目实施单位应联合项目指定机构向财政部重新报送经修订的项目识别表及联合融资承诺函。

第十三条　项目识别表得到全球环境基金批准后，项目实施单位应与项目指定机构共同编制完整的项目文件，并由项目指定机构在全球环境基金规定期限内报送全球环境基金秘书处。

第四章　赠款协议签署

第十四条　项目得到全球环境基金秘书处确认后，由财政部牵头组织省级财政部门、项目实施单位和相关单位与项目指定机构进行全球环境基金赠款协议谈判。

第十五条　财政部代表中华人民共和国政府作为受赠方与项目指定机构签署全球环境基金赠款协议。

第十六条　赠款协议签署后，财政部将与省级政府和中央项目实施单位签署全球环境基金赠款执行协议，以进一步明确各方责任，确保赠款资金安全。

第五章　实施与管理

第十七条　全球环境基金赠款纳入中央一般公共预算管理，按预算管理程序审核后相应列入中央部门预算或中央对地方转移支付。对于赠款方无指定用途的赠款，由中央财政统筹安排使用。

第十八条　每年年初，省级财政部门、中央项目实施单位应将全球环境基金赠款上年资金使用情况和当年预算或资金使用计划报送财政部。

第十九条　全球环境基金赠款项目指定账户的具体开设与管理应按照法律文件、财政专户和预算单位银行账户管理等有关规定执行。

中央项目实施单位的赠款项目指定账户应开设在本单位的财务司局或其具体实施项目的下属事业单位。

省级以下（不含省本级）财政部门不得开设由地方项目实施单位执行的赠款项目的指定账户。

第二十条　全球环境基金赠款的使用应符合赠款协议和赠款执行协议规定的范围与用途，任何单位和个人均不得以任何理由和形式滞留、截留、挪用赠款资金或者擅自改变赠款资金用途。

第二十一条　项目实施单位使用全球环境基金赠款资金的年度出国计划和年度采购计划应报同级财政部门审核或备案。

第二十二条　项目实施单位应成立专门的项目办公室，具体负责全球环境基金赠款项目实施与管理工作。

项目实施单位应派现职人员担任项目办公室主任，并为项目办配备充足的、专业能力较强的财务、采购和技术人员，提供相应的办公设备和经费。

第二十三条　针对实施过程中出现重大问题的项目，财政部有权暂停拨付全球环境基金赠款。项目实施单位应就存在的重大问题及时做出整改，并将整改情况报送财政部。财政部将视整改情况做出是否继续拨付全球环境基金赠款的决定。对整改后仍然存在重大问题的项目，财政部有权做出继续暂停或终止项目执行的决定。

第二十四条　在全球环境基金赠款项目实施过程中，如需对赠款协议和赠款执行协议的内容，包括项目目标、资金类别、提款授权签字人、项目执行期等重要项目内容进行调整，省级财政部门、中央项目实施单位等须报请财政部同意后，由财政部向项目指定机构提出协议修改要求并办理相关手续。

第二十五条　项目实施单位应按照档案管理的有关规定对所有与项目实施有关的文件和票据进行妥善保管。

第二十六条　全球环境基金赠款形成国有资产的，其处置、收益分配及会计核算应当按照国家有关规定与赠款执行协议明确的所有权归属和处置方式进行。

第六章　监督与检查

第二十七条　全球环境基金赠款项目实施过程中，项目实施单位应将项目中期实施进展报告、年度工作计划、年度预决算和审计报告及时报送同级财政部门。

第二十八条　中央项目实施单位执行的赠款项目，由财政部组织开展监督检查工作；地方项目实施单位执行的赠款项目，由省级财政部门组织开展监督检查工作。

第二十九条　为进行成果宣传和推广，项目实施单位应及时总结全球环境基金赠款项目活动成果和经验，编制成果手册，报送同级财政部门。

第三十条　项目实施单位应在全球环境基金项目结束后 6 个月内，及时编制项目完工报告，报送同级财政部门。

第三十一条　全球环境基金赠款项目实施结束后，省级财政部门、中央项目实施单位等应对项目开展绩效评价。

第七章　附则

第三十二条　本办法下列用语的含义：

（一）"全球环境基金赠款"是指由全球环境基金或受全球环境基金托管的其他基金提供的赠款。

（二）"全球环境基金秘书处"是指总部设在华盛顿的全球环境基金常设机构，其直接向全球环境基金成员国大会和理事会负责。

（三）"全球环境基金项目指定机构"（以下简称"项目指定机构"）是指由全球环境基金指定的，帮助受援国等申请和实施全球环境基金赠款项目的机构，目前包括世界银行、联合国开发计划署、联合国环境规划署、联合国工业发展组织、亚洲开发银行、联合国粮农组织、国际农业发展基金、世界自然基金会、保护国际、世界自然保护联盟、环境保护部环境保护对外合作中心等。

（四）"项目实施单位"包括中央项目实施单位和地方项目实施单位。其中，中央项目实施单位是指实施全球环境基金赠款的国务院有关部门、中央管理企业、金融机构等；地方项目实施单位是指实施全球环境基金赠款的地方政府有关部门或其他单位。

（五）"省级财政部门"是指省、自治区、直辖市、计划单列市财政厅（局）。

（六）"项目识别表"是指由项目指定机构和项目实施单位共同编制的申请全球环境基金赠款的项目材料。

（七）"联合融资"是指项目总投资中除全球环境基金赠款外的其他来源资金，包括国际金融组织和外国政府提供的贷赠款及国内政府部门和企业提供的现金、实物和劳务投入等。

（八）"联合融资承诺函"是指由省级财政部门、中央项目实施单位等为准备和实施全球环境基金赠款项目出具的承诺提供联合融资的保证文件，主要应明确资金使用主体、来源、金额、比例、用途和期限等。

第三十三条　各级财政部门及其工作人员在全球环境基金赠款申请、规划、管理中未按照本办法规定的程序和要求进行确认或审核，以及其他滥用职权、玩忽职守、徇私舞弊等违法违纪行为的，按照《公务员法》《行政监察法》《财政违法行为处罚处分条例》等国家有关规定追究相应责任；涉嫌犯罪的，移送司法机关处理。

第三十四条　本办法自 2017 年 6 月 1 日起施行，2007 年 7 月 2 日印发的《全球环境基金赠款项目管理办法》（财际〔2007〕45 号）同时废止。

参考文献

［1］ 江泽惠.中国西部退化土地综合生态系统管理——在中国科学技术协会 2005 年学术年会上的报告 ［J］.世界林业研究，2005（5）：3-6.

［2］ 原环保部.中国生物多样性保护战略与行动计划［M］.北京：中国环境科学出版社，2011.

［3］ 胡婉玲，张金鑫，王红玲.中国农业碳排放特征及影响因素研究［J］.统计观察，2020（5）：56-62.

［4］ 宋艺，谢彤云，王澜熹，等.我国农业碳排放影响因素的实证研究——基于灰色关联模型［J］.农业与技术 2020，40（8）：143-147.

［5］ 何艳秋，陈柔，吴昊玥，等.中国农业碳排放空间格局及影响因素动态研究［J］.中国生态农业学报，2018，26（9）：1269-1282.

［6］ 清华大学建筑节能研究中心.中国建筑节能年度发展研究报告 2020.

［7］ The Second Report on the State of World's Plant Genetic Resoureces for Food and Agriculture ［R］. Rome：FAO，2010.

［8］ 杨庆文，王久臣，王全辉.激励机制在中国作物野生近缘植物保护中的实践［M］.北京：中国农业出版社，2013.

［9］ 李周，柯水发，刘勇，等.中国西部土地退化防治成效及经验借鉴——以中国—全球环境基金干旱生态系统土地退化防治伙伴关系项目为例［J］.北京林业大学学报（社会科学版），2014（1）：71-76.

［10］ 周珂.环境法学研究［M］.北京：中国人民大学出版社，2008.

［11］ 谢和生，何友均，叶兵，等.中国土地退化防治伙伴关系 10 年与国外经验借鉴［J］.中国水土保持，2013（11）：5-8.

［12］ 李周，柯水发.伙伴关系在中国土地退化治理中成功经验与政策借鉴［J］.林业经济，2013（8）：83.

［13］ 聂志强，赵强.积极开展以治理风蚀为重点的土地退化防治项目示范点建设［J］.新疆林业，2010（4）：12-15.

［14］ 刘允会，李贵彬.以治理盐渍化为重点积极开展土地退化防治项目示范点建设［J］.新疆林业，2010（4）：15-18.

［15］ 胡章翠.综合生态系统管理在中国西部土地退化防治中应用的成功范例［C］.//江泽慧.综合生态系统管理理论与实践：国际研讨会文集.北京：中国林业出版社，2009：16-21.

［16］ 严效寿.新疆全球环境基金土体退化防治能力建设项目成果与经验［J］.新疆林业，2010（4）：5-9.

［17］ 李娜，罗浩，李生贵.宁夏 GEF 项目青铜峡市邵刚镇甘城子村土地退化防治示范点建设经验浅谈［J］.宁夏农林科技，2011，52（1）：27-30.